Dawit Alemayehu
Ermias Geberekidan

Caracterização de aço sob taxa de deformação quase estática para viga de para-choque

Dawit Alemayehu
Ermias Geberekidan

Caracterização de aço sob taxa de deformação quase estática para viga de para-choque

ScienciaScripts

Imprint

Any brand names and product names mentioned in this book are subject to trademark, brand or patent protection and are trademarks or registered trademarks of their respective holders. The use of brand names, product names, common names, trade names, product descriptions etc. even without a particular marking in this work is in no way to be construed to mean that such names may be regarded as unrestricted in respect of trademark and brand protection legislation and could thus be used by anyone.

Cover image: www.ingimage.com

This book is a translation from the original published under ISBN 978-620-2-06693-8.

Publisher:
Sciencia Scripts
is a trademark of
Dodo Books Indian Ocean Ltd. and OmniScriptum S.R.L publishing group

120 High Road, East Finchley, London, N2 9ED, United Kingdom
Str. Armeneasca 28/1, office 1, Chisinau MD-2012, Republic of Moldova, Europe
Printed at: see last page
ISBN: 978-620-7-92119-5

ÍNDICE

Escola de Estudos Graduados da Universidade de Adis Abeba

Certifica-se que a tese elaborada por Dawit Bogale, intitulada: Caracterização de aços de baixo carbono sob taxa de deformação quase estática para aplicação em vigas de para-choques e apresentada em cumprimento parcial dos requisitos para a obtenção do grau de Mestre em Ciências (Engenharia Mecânica: Desenho Mecânico) está em conformidade com os regulamentos da Universidade e cumpre os padrões aceites no que diz respeito à originalidade e qualidade.

Assinado pelo Comité de Exame:

Assinatura do departamento Data ________

Assinatura do conselheiro Data _________

Presidente do Departamento ou Coordenador do Programa de Pós-Graduação

AGRADECIMENTOS

A conclusão deste trabalho não teria sido possível sem toda a ajuda, toda a misericórdia e o seu amor infinito, o sobrenatural Deus Todo-Poderoso. Expresso o meu profundo sentimento de gratidão com sinceros agradecimentos ao meu supervisor, Dr. Ermias Gebrekidan K, pela sua inestimável orientação e encorajamento ao longo do estudo. Gostaria também de agradecer à Walia Steel Industry e à Metal and Engineering Corporation por tornarem possível esta investigação e, pessoalmente, ao Sr. Sisay e ao Sr. Anteneh Gudisa, funcionários da Walia Steel Industry, e ao Dr. Zewdu A, funcionário da AAiT, pelos seus muitos conhecimentos.

Por último, gostaria de agradecer aos meus amigos Messay Mekonene e Abiy Alene pelas suas ideias adicionais para a minha investigação, e também ao Sr. Endalkachew, que me orientou no trabalho com a máquina de ensaio universal e me ensinou a utilizá-la de forma segura e eficaz.

Consegui realizar esta tese graças à generosa ajuda do Dr. Daniel Tilahun R, que assinou uma resposta positiva às minhas cartas de pedido a quem solicitei materiais para o meu objetivo experimental.

Estou grato a muitos técnicos de laboratório, incluindo Zewede, Ayalsew, Yohannes, Kassay, Masresha e a todos os rapazes da oficina mecânica, sem os quais este trabalho não estaria concluído. À minha família, não posso dizer o suficiente. Obrigado, minha tia tem saudades. Tsedeku Alemayehu, por seres a minha história, que me mostraste o meu potencial e me fizeste compreender o meu potencial interno. Graças a ti, sou o que sou hoje, obrigado.

Estou grato ao meu irmão, Sr. Wondwossen Abubeker, pelos seus muitos conselhos durante a minha estadia em Adis Abeba e a outros amigos que sempre me apoiaram.

Por último, quero dedicar esta dissertação à minha avó Yesheye Wedneh, que me criou desde criança, e à minha tia Tsedeku Alemayehu e ao meu pai Bogale Alemayehu, pelo seu constante encorajamento e por todas as dores que tiveram de suportar enquanto me educavam até este nível.

Obrigado!   Dawit Bogale Alemayehu

RESUMO

Caracterização de aço de baixo carbono sob taxa de deformação quase estática para aplicação em vigas de para-choques

Dawit Bogale A

Universidade de Adis Abeba, 2013

Este artigo investiga o comportamento mecânico de três materiais de aço seleccionados, considerados como o material de base da viga do para-choques dianteiro de um veículo que é subitamente carregado na gama quase-estática. Foram efectuados trinta e seis ensaios de tensão uniaxial com taxa de deformação constante. O ensaio foi realizado numa máquina de ensaios universal electro-hidráulica HUALONG a quatro taxas de deformação (   ). O MEF que

O ABAQUS/CAE é utilizado para simular o subsistema para-choques utilizando três aços de baixo carbono. Os resultados mostram que a UTS aumenta com o aumento da taxa de deformação e que o material **HAS** tem a UTS média máxima. A FEA na fase de pós-processamento fornece o deslocamento mínimo e a energia de deformação máxima para o material **HAS** em comparação com os outros dois materiais. Finalmente, a partir da análise experimental e da análise explícita ABAQUS, o resultado mostra que o material **HAS** é mais adequado para a aplicação em vigas de para-choques.

LISTA DE SÍMBOLOS

Ao	Original cross-sectional area of specimen
lo	Original length of specimen
A	Cross-sectional area of specimen at fracture
σ_e	Engineering stress or laboratory stress
e	Engineering Strain or laboratory strain
Y	Yield Strength
F_{max}	Maximum applied load/force
ε	True strain
σ	Nominal stress
z or $\%\Delta l$	Percentage elongation
$\%RA$ or q	Percentage reduction in area
K	Strength Coefficient
n	Strain hardening exponent
σ^-	The yield stress at non zero strain rate
σ^0	The static yield stress
σy	Yield stress for JC material model
$\dot{\varepsilon}_0$	Reference strain rate
U, U1, U2, U3	Displacement Magnitude, in the X, Y and Z direction

E	Strain Components
E_{11}, E_{22}, E_{33}	Strain component in the X, Y, and Z direction
PE	Plastic Strain Components
PE_{11}, PE_{22}, PE_{33}, PE_{12}, PE_{13}, PE_{23}	Plastic strain components in the X,Y and Z direction and in XY, XZ and YZ Plane respectively
PEEQ	Equivalent Plastic Strain
PEEQMAX	Maximum equivalent Plastic strain through sectional
S	Stress component
S11, S22, S33, S12, S13, S23	Stress component in the X, Y, and Z direction and in the XY, XZ, and YZ plane respectively
V	Spatial Velocity
V1, V2, V3	Velocities in the X, Y, and Z direction respectively
A	Spatial Acceleration
A1, A2, and A3	Acceleration in the X, Y, and Z direction respectively
SE, ALLSE	Strain Energy and All Strain Energy
KE, ALLKE	Kinetic Energy and All Kinetic Energy
ETOTAL	Total Energy of the the output
UR, UR_1, UR_2, UR_3	Rotational Displacement
D^{el}	The Fourth-order Stress tensor
ε^{el}	total elastic strain (log strain in finite-strain problems)

LISTA DE ABREVIATURAS

SCS	Shear compression specimen
ULSAB	Ultra-light steel Auto Body
YS	Yield Stress
NHTSA	National High Way Traffic Safety Association
WSI	Walia Steel Industry
DDQ	Drawing Quality Steel
HSLA	High strength low Alloy Steel
DP	Dual Phase Steel
GTP	Growth and Transformation Plan
ASTM	American Standard Test Method
AISI	American Iron and Steel Institute
MTS	Material Testing System
SEA	Specific Energy Absorption
EA	Energy Absorption
AAiT	Addis Ababa institute of Technology
BC's	Boundary Conditions
FEM	Finite Element Method
FEA	Finite Element Analysis
CAE	Complete Abaqus Environment
CHs	Cross Head speed
UTS	Ultimate Tensile Strength
SDEV	Standard Deviation the given population for excel
AVE	Mean of the population data in excel

CAPÍTULO 1

1. Introdução

1.1. Antecedentes

O aço é um material utilizado para construir os alicerces da sociedade. É um material à base de ferro que contém uma baixa quantidade de carbono e elementos de liga que podem ser transformados em milhares de compostos com propriedades interessantes para satisfazer uma vasta gama de aplicações de engenharia. O aço é de facto um material versátil. O valor do aço produzido anualmente está estimado em mais de 400 mil milhões de dólares. Assim, o aço encontra o seu lugar na economia mundial.

Hoje em dia, a necessidade de aços está a aumentar devido à introdução de projectos de construção maciça em engenharia civil, mecânica, naval, aeronáutica e noutros domínios da engenharia. Particularmente nos países em desenvolvimento, como a Etiópia, a Índia e a China, os materiais de aço são amplamente utilizados para desenvolver infra-estruturas como estradas, eletricidade, água e telecomunicações. De acordo com o Plano de Crescimento e Transformação (GTP, 2010/11-2014/15) do governo etíope, a expansão e a manutenção das infra-estruturas têm tido grande prioridade do ponto de vista da melhoria e da sustentação do crescimento a favor dos pobres através da criação de emprego, iniciando o desenvolvimento industrial nacional e contribuindo assim para o esforço de erradicação da pobreza no país. Para atingir este objetivo, devem ser produzidos e fornecidos aos utilizadores finais produtos siderúrgicos adequados e fiáveis.

Nos projectos estruturais, os comportamentos devem ser previsíveis e conhecidos a um certo nível sob diferentes condições de carga e ambiente para obter sistemas seguros e fiáveis. A este respeito, uma das questões críticas durante a fase de projeto e a vida útil é a resposta dinâmica dos materiais de aço. As suas respostas dependem de vários factores, como a origem do material, o tipo de produção (trabalho a quente ou trabalho a frio), os tipos de tratamento térmico e as áreas de aplicação. Por conseguinte, é necessário que os projectistas compreendam o comportamento dinâmico dos materiais de aço.

Recentemente, tem sido dada uma atenção considerável à utilização de materiais de aço nos sectores da construção para compreender o seu comportamento mecânico e termomecânico em diferentes circunstâncias. Esta iniciação deveu-se principalmente ao colapso dos dois edifícios do World Trade Center que foram atacados em setembro de 2001 por terroristas. A maior parte da literatura tem-se concentrado na elevada taxa de deformação devida ao impacto de aviões e ao impacto do fogo nos materiais de construção [21].

Para compreender o desempenho de materiais de aço de construção seleccionados atualmente disponíveis sob carga de impacto, neste documento são considerados métodos experimentais e numéricos. Especificamente, são escolhidos produtos da indústria siderúrgica Walia e da Metal and Engineering Corporation. O autor acredita que vale a pena considerar os produtos da WSI e que estes podem representar a qualidade e o desempenho dos perfis de aço.

O estudo diz respeito ao efeito das taxas de deformação causadas por cargas dinâmicas com impactos na gama de ($3,3*10^{-3}$ a $3,3s^{-1}$) ou impactos quisiestáticos e de fogo. Mas o efeito térmico (a temperatura elevada) não é considerado aqui porque o ensaio de tração foi realizado à temperatura ambiente. Por conseguinte, o objetivo final é aumentar a resistência destes produtos de aço para superar o impacto de baixa velocidade através da absorção de energia através da modelação da deformação (caraterização) utilizando trabalho numérico e experimental. E também descrições de deformações plásticas permanentes que são concebidas deliberadamente numa vasta gama de processos industriais como a indústria automóvel para este trabalho, ou ocorrem acidentalmente sob sobrecargas indesejadas. O software ABAQUS/CAE (método dos elementos finitos) é utilizado para realizar simulações fiáveis de experiências de impacto que produzem deformações plásticas no espécime de aço selecionado das indústrias siderúrgicas da Etiópia. O modelo numérico tem em conta a configuração experimental real utilizada nas experiências, incluindo o ensaio dos itens seleccionados a diferentes taxas de tensão e deformação por tração utilizando uma máquina de ensaios universal realizada à temperatura ambiente. Para a parte da aplicação, o subsistema do para-choques da parte de segurança do automóvel é modelado utilizando o software Catia e exportado para o ABAQUS/CAE, a fim de estudar o efeito da taxa de deformação durante o impacto a baixa velocidade. A absorção de energia do ABAQUS/CAE é comparada, observada e analisada, bem como o deslocamento.

1.2. Motivação

Na montagem automóvel na Etiópia, a própria tecnologia está a emergir e abre várias oportunidades para a futura indústria automóvel. Uma dessas oportunidades é a utilização de diferentes materiais para as estruturas primárias dos veículos e para os componentes de segurança. Neste contexto, os materiais de aço são escolhidos devido às suas propriedades mecânicas, à sua fácil disponibilidade e à sua adequação ao atual processo de produção automatizado da indústria automóvel.

Nas últimas duas décadas, foram criados vários construtores de carroçarias para fazer face à crescente procura de meios de transporte devido à expansão sem precedentes das infra-estruturas, ao rápido desenvolvimento das empresas e ao desejo de um elevado nível de transportes públicos. Para satisfazer esta procura, a produção e o fornecimento de materiais de engenharia suficientes são inquestionáveis. Um estudo preliminar indica que a maioria das carroçarias de veículos, camiões e autocarros, são construídas utilizando diferentes tipos de estruturas de aço macio, que são as principais matérias-primas utilizadas na construção de carroçarias de veículos.

Mas a indústria na Etiópia de onde foi retirado o material de amostra para este estudo é a Metal and Engineering Corporation, uma indústria com vastas tarefas de fabrico, peças sobresselentes e montagem, sendo a montagem de automóveis uma das tarefas que tem lugar. Mas as peças a montar não são fabricadas aqui, sendo antes importadas de outras indústrias de fabrico de automóveis fora da Etiópia, nomeadamente da China. O autocarro urbano, ou localmente chamado Beshoftu Bus, é montado aqui na Etiópia, na indústria acima mencionada. A principal motivação para este estudo é o facto de não ser dada qualquer sensibilização ou atenção à resistência ao choque, pelo que o material para a parte de segurança (viga do para-choques) do automóvel não é testado se o material é adequado para a aplicação pretendida, ou seja, se é utilizado como componente de segurança para evitar que os passageiros sofram acidentes durante o impacto de outro automóvel ou contra paredes rígidas, absorvendo a energia do impacto. Por conseguinte, esta experiência desempenha um papel crucial para a indústria automóvel na Etiópia, dando um sinal de alarme para que se preste atenção à conceção e ao fabrico da viga do para-choques na sua própria oficina.

1.3. Objectivos do estudo

O objetivo deste estudo é: -

1.3.1. Objectivos gerais

O objetivo geral desta tese será a demonstração do comportamento mecânico dos produtos de amostra da WSI e da Metal and Engineering Corporation sob uma taxa de deformação especificada e à temperatura ambiente, independentemente de os produtos serem ou não consistentes com as especificações que lhes foram fornecidas. Selecionar o material de aço adequado para a viga do para-choques do automóvel utilizando ensaios experimentais e utilizando o resultado como entrada para um software de elementos finitos como o ABAQUS/CAE para simulação de impacto. Sensibilizar a indústria automóvel da Etiópia para a resistência ao choque e a segurança dos passageiros. E também ilustrar a eficácia do método de modelação numérica para representar o modelo experimental.

1.3.2. Objectivos específicos

Os objectivos específicos do presente documento são:

-1- Prever a deformação máxima e a absorção de energia do material da amostra individual, seleccionando assim o mais adequado para a aplicação do para-choques

-2- Estudar um dos softwares de MEF ABAQUS CAE e implementá-lo para este estudo, a fim de construir cada peça, montar e simular o impacto de um automóvel a baixa velocidade

-3- Caracterização dos espécimes de amostra utilizando uma máquina de ensaio especial denominada máquina de ensaio universal servo-electro-hidráulica: testar o espécime para carga de tração, registar as variáveis de saída e processá-las na folha de cálculo e analisar os resultados

-4- Propor um material de aço adequado para a viga do para-choques

-5- Desenvolvimento de modelos experimentais e numéricos (software matemático e ABAQUS/CAE) para caraterizar o comportamento de perfis de aço seleccionados sob condições de carga dinâmica e estática.

-6- Estudar o efeito da taxa de deformação quase-estática no material selecionado sem considerar o efeito térmico.

1.4. Âmbito do projeto

O presente documento limita-se aos seguintes aspectos simples, que são os seguintes

-1- Estudo bibliográfico sobre a caraterização do aço e a viga de aço para para-choques de automóveis

-2- Observar cuidadosamente, aprender e explorar de forma a utilizar a máquina de ensaio universal

-3- Estudo do software FEM (ABAQUS/CAE) em profundidade

-4- Aplicar os conhecimentos do ABAQUS/CAE para simular o modelo de impacto a baixa velocidade

-5- Proposta de um material adequado de aço com baixo teor de carbono para a viga do para-choques dianteiro comercial

CAPÍTULO 2

2. Revisão da literatura

A caraterização do aço sob taxa de deformação quase-estática para aplicação em vigas de para-choques de automóveis, com métodos numéricos e experimentais, é apresentada neste artigo. Muitos académicos escreveram sobre a caraterização do aço sob diferentes taxas de deformação, empregando diferentes tipos de dispositivos e software de modelação e simulação.

2.1. Caracterização dos materiais

[27], no seu trabalho, introduzem as propriedades mecânicas e as microestruturas da liga de aço de alta resistência AISI 4340 sob diferentes condições de têmpera. Os autores consideram também que a compreensão das propriedades mecânicas dos metais durante a deformação numa vasta gama de condições de carga é de importância considerável para uma série de aplicações de engenharia. Foi referido que a superioridade do aço inoxidável super austenítico, 254 SMO (S31254), reside na sua elevada resistência, boa soldabilidade e grande resistência à corrosão sob tensão e à corrosão por pite, devido ao seu teor mais elevado de crómio e molibdénio em comparação com o aço inoxidável geral. [7], além disso, o objetivo deste trabalho é investigar o efeito da taxa de deformação nas propriedades mecânicas e na variação da microestrutura do aço inoxidável superaustenítico 254 SMO. O desenvolvimento de modelos de deslocação de base física de uma resposta mecânica de materiais sob diferentes taxas de deformação e temperaturas é um problema importante da mecânica moderna. Se a microestrutura não for muito afetada por alterações na taxa de deformação e na temperatura, os modelos podem ser utilizados para prever as propriedades mecânicas de metais puros e ligas sob condições de carga uniaxial, em que o provete sofre uma deformação homogénea isotrópica até ao ponto de rotura, devido unicamente ao movimento de defeitos uniformemente distribuídos (deslocações) [8]. Neste artigo são apresentados os resultados computacionais sobre a deformação de aços austeníticos a diferentes taxas de deformação e temperaturas.

O comportamento mecânico de grandes deformações do aço 1018 laminado a frio numa vasta gama de taxas de deformação, a determinação do comportamento constitutivo de grandes deformações dos materiais é um passo fundamental para a modelação exacta de numerosos processos, tais como a conformação plástica, a fratura plástica e a penetração a alta velocidade [15]. Neste artigo, é investigada a deformação plástica de uma placa de Ti-6Al-4V com 0,25" de espessura. Além disso, são gerados e estudados dados experimentais para a deformação plástica de Ti-6Al-4V (a partir de agora, referido como Ti64) numa vasta gama de taxas de deformação, em diferentes direcções da placa de liga metálica e a várias temperaturas [21].

[22], investigou no seu artigo que as medições de deformação pós-impacto de placas danificadas

foram efectuadas experimentalmente após o lançamento de um projétil esférico de aço a velocidades variáveis contra alvos de placas finas fixas feitas de materiais de cobre e aço e limitadas na sua periferia exterior. Os dados obtidos para taxas de deformação elevadas podem ser muito valiosos para a conceção de placas de trauma em coletes à prova de bala, impacto de aeronaves e mísseis em estruturas e edifícios, incluindo centrais nucleares, resistência ao choque de sistemas automóveis e impacto de detritos espaciais em estruturas espaciais colocadas em órbita. No presente projeto, três materiais de aço diferentes são testados experimentalmente sob tensão e os dados obtidos na experiência são utilizados para a aplicação do material da viga de para-choques (resistência ao choque de sistemas automóveis), que é o material a granel em questão [13]. Este relatório fornece cinco tipos de propriedades mecânicas para os aços do World Trade Center (WTC): elástica, tração à temperatura ambiente, alta taxa de deformação à temperatura ambiente, impacto e tração a temperatura elevada. Foram caracterizados espécimes de 29 aços diferentes que representam os 12 níveis de resistência identificados no edifício tal como foi construído. As propriedades elásticas incluem o módulo, E, e o rácio de Poisson, ν, para temperaturas até 900 °C. A expressão para E(T) para T<723 °C é baseada em medições de aços de pilares do perímetro do WTC. O comportamento para T>723 °C é estimado a partir de dados da literatura. As propriedades de tração à temperatura ambiente incluem a resistência ao escoamento e à tração e o alongamento total para amostras de todos os tipos de aço utilizados nas torres. O relatório fornece curvas modelo de tensão-deformação para cada tipo de aço, estimadas a partir das curvas de tensão-deformação medidas, dos relatórios de testes das fábricas sobreviventes e dos valores historicamente esperados. Com algumas excepções, os aços, parafusos e soldaduras recuperados cumpriram as especificações para as quais foram fornecidos. Aqui o relatório mostra que os aços do World Trade Center são caracterizados sob diferentes taxas de deformação e diferentes temperaturas para serem aplicados ao impacto real do avião e também para superar o impacto do fogo, que é a principal questão de investigação do presente documento, mas a aplicação é diferente e também a gama de taxas de deformação é intermédia e, mais importante, neste presente documento não é considerada outra temperatura para além da temperatura ambiente. Também é apresentada outra investigação por [25], que considerou a caraterização da resposta constitutiva de alta taxa de deformação de três aços: um aço de qualidade de estiramento (DDQ), um aço de baixa liga de alta resistência (HSLA350) e um aço de fase dupla (DP600).

A indústria automóvel tem vindo a melhorar significativamente desde 1953 com o aparecimento dos materiais compósitos [10]. Uma vez que está provado que os materiais compósitos podem atingir as propriedades desejáveis, tais como baixo peso, elevada resistência à fadiga, fácil conformação e elevada resistência, são adequados para a substituição de materiais. Embora os materiais compósitos tenham algumas propriedades indesejáveis, como um processamento relativamente longo, matérias-primas caras e baixa qualidade de acabamento superficial, o seu peso leve é a principal razão para a crescente aplicação dos materiais compósitos na indústria automóvel. Considerando que [1] constatou que a grande maioria dos sistemas de reforço dos para-choques é atualmente feita de aço. As vigas de aço têm um custo unitário de material baixo e uma relação resistência/peso superior à da maioria das vigas de alumínio e das vigas de materiais compósitos.

Outro artigo analisa o comportamento de impacto de um para-choques de automóvel em material compósito fabricado com novos materiais. O estudo é efectuado utilizando o software Solid works para a conceção do novo para-choques de automóvel fabricado com novos materiais compósitos e a distribuição da concentração de tensões é avaliada utilizando a análise de elementos finitos com o software Abaqus para os casos de impacto. O primeiro objetivo consiste em fornecer informações importantes sobre a classificação de segurança de cada automóvel sob a forma de uma pontuação. O segundo objetivo é fornecer dados importantes aos produtores para melhorar a segurança. Alguns exemplos dos seus testes são: impacto frontal, lateral, de poste e proteção de crianças e peões. [7] e afirmam ainda que a indústria automóvel está preocupada com o desenvolvimento de equipamentos de segurança primários para automóveis. Este estudo centra-se na aplicação de novos materiais compósitos num para-choques frontal de um automóvel. O autor deste artigo também concorda com o debate acima referido porque o para-choques do automóvel como componente de segurança não é realizado na Etiópia, embora existam indústrias de montagem de automóveis como a Metal and Engineering Corporation. Esta indústria é uma das indústrias de transformação de metais mais conhecidas na Etiópia e, mais importante ainda, começou recentemente a montar autocarros urbanos conhecidos por Beshoftu bus. Mas aqui não há qualquer sensibilização para o conceito de resistência ao choque ou para a segurança relacionada com o impacto do automóvel a baixa velocidade. O WSI é a indústria siderúrgica que o processa e o vende aos clientes. Um dos objectivos deste documento é sensibilizar e dar algumas pistas para a indústria automóvel emergente na Etiópia, além de dar atenção à capacidade de colisão para cumprir este objetivo, este documento desempenha um papel crucial através da seleção de material de aço adequado para o para-choques, considerando a redução do peso e o consumo de combustível e a absorção de energia como critérios principais.

2.2. Gama de taxas de deformação e seu efeito

Uma das características que definem os impactos que ocorrem a velocidades suficientemente grandes para causar deformações inelásticas (e particularmente plásticas) é o facto de a maior parte destas deformações ocorrerem a elevadas taxas de deformação. Estas deformações podem também conduzir a grandes deformações e a temperaturas elevadas. Infelizmente, não compreendemos o comportamento de muitos materiais a altas taxas de deformação (muitas vezes definido como a dependência $\sigma_f(\varepsilon, {}'\varepsilon, T)$ da tensão de escoamento na deformação, taxa de deformação e temperatura), e isto é particularmente verdadeiro a altas deformações e altas temperaturas. Por conseguinte, foram desenvolvidas várias técnicas experimentais para medir as propriedades dos materiais a taxas de deformação elevadas. Nesta secção, centramo-nos nas técnicas experimentais que desenvolvem elevadas taxas de deformação controladas na maior parte da amostra, em vez daquelas em que as elevadas taxas de deformação são desenvolvidas logo atrás de uma frente de onda em propagação [25].

As principais técnicas experimentais associadas à medição das propriedades dos materiais dependentes da velocidade são descritas na Fig. 1 (note-se que os estados de tensão desenvolvidos no âmbito das várias técnicas não são necessariamente idênticos). Uma excelente e relativamente recente revisão destes métodos é apresentada por [11]. Para efeitos da presente discussão, as taxas de deformação superiores a 10^2 s^{-1} são classificadas como taxas de deformação elevadas, as taxas de deformação superiores a 10^4 s^{-1} são designadas por taxas de deformação muito elevadas e as taxas de deformação superiores a 10^6 s^{-1} são designadas por taxas de deformação ultraelevadas. Convencionalmente, considera-se que as taxas de deformação iguais ou inferiores a 10^{-3} s^{-1} representam deformações quase estáticas e que as taxas de deformação inferiores a 10 $s^{-6\,-1}$ se situam no domínio da fluência. As experiências de deformação por fluência são normalmente efectuadas a temperaturas relativamente elevadas e existe uma variedade de máquinas especializadas para este tipo de cargas; as cargas mortas são frequentemente de particular interesse. As experiências quase estáticas são normalmente realizadas através de uma variedade de máquinas servo-hidráulicas, e existem normas ASTM para a maioria destas experiências. A maioria das máquinas servo-hidráulicas não consegue desenvolver taxas de deformação superiores a 10^0 s^{-1} de forma repetitiva, mas algumas máquinas servo-hidráulicas especializadas conseguem atingir taxas de deformação de 10^1 s^{-1} . Por fim, as taxas de deformação no domínio das taxas intermédias (entre 10^0 s^{-1} e 10^2 s^{-1}) são extremamente difíceis de estudar, uma vez que se trata de um domínio em que a propagação de ondas é relevante e não pode ser facilmente contabilizada (no entanto, as taxas de deformação neste domínio têm, de facto, interesse para uma série de problemas de maquinagem). A principal abordagem aos ensaios nesta gama de taxas de deformação utiliza torres de queda ou máquinas de queda de peso [9], e é necessário ter muito cuidado na interpretação dos dados devido ao acoplamento entre a propagação de ondas induzidas pelo impacto e as vibrações da máquina.

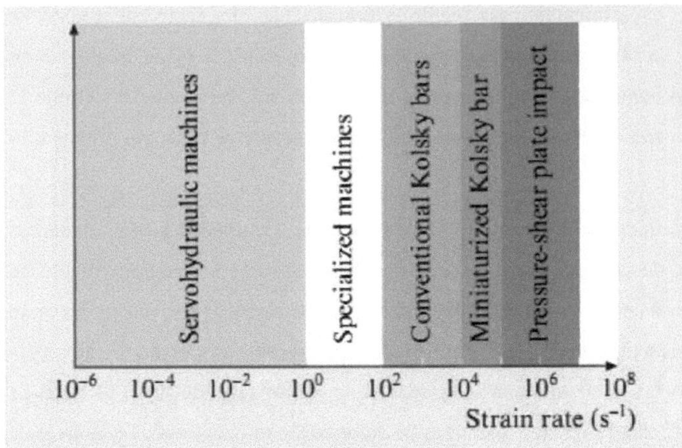

Figura 1 Técnicas experimentais utilizadas para o desenvolvimento de deformações controladas de elevada taxa de deformação nos materiais [9].

Mais recentemente, foi considerado o impacto da taxa de deformação de um determinado material ou componente no seu desempenho. Uma vez que o aço é um material sensível à taxa de deformação, a sua tensão de cedência aumenta à medida que a taxa de carga aumenta. Este facto proporciona benefícios adicionais na sua capacidade de suportar e absorver cargas mais elevadas e maior energia de entrada, como no caso da deformação de um para-choques ou de outro componente estrutural. Mais uma vez, esta não é uma descoberta nova, mas foi apenas com a introdução da fase de conceitos avançados de veículos do desenvolvimento do ULSAB (Ultra-Light Steel Auto Body) que este benefício do aço começou a ser introduzido no projeto estrutural de componentes automóveis. Foram então desenvolvidos esforços consideráveis em vários laboratórios em todo o mundo para gerar dados de tração a taxas de deformação que variam de quase-estáticas (10^{-3} s^{-1}) a 10^{3} s^{-1} para muitos dos tipos de aço acima referidos [3].

No estudo de [15], a taxa de deformação é o principal fator para caraterizar o material em estudo. Neste estudo, o comportamento constitutivo de grandes deformações do aço 1018 laminado a frio foi caracterizado a taxas de deformação que variam entre 10^{-3} e 10^{4} s^{-1} , utilizando um novo provete de compressão por cisalhamento (SCS). Noutros trabalhos de investigação, a taxa de deformação foi calculada com base em dados experimentais sobre o carregamento uniaxial de novos aços na gama de taxas de deformação de 0,001 a 500 s^{-1} . Os parâmetros do modelo foram derivados e as respostas dinâmicas dos aços foram previstas, na gama de taxas de deformação até 8000 s^{-1} [18]. Outro artigo que tem o mesmo objetivo que esta investigação apresenta são as gamas de deformação quase estáticas, ou seja, os ensaios de tração foram realizados a quatro taxas de deformação: 1×10^{-1} , 1×10^{-2} , 1×10^{-3} e 1×10 s^{-4-1} . Nesta gama, o efeito da taxa de deformação é também indicado da seguinte forma ductilidade vs. taxa de deformação viola a condição normal de que o alongamento diminui à medida que a taxa de deformação aumenta. Por exemplo, o alongamento seria de 33% a uma taxa de deformação de 1×10 s^{-1-1} , mas de 25% a uma taxa de deformação de 1×10 s^{-4-1} . Entretanto, formaram-se mais bandas de cisalhamento no grão a uma taxa de deformação elevada de 1×10^{-1} s^{-1} do que a uma taxa de deformação baixa de 1×10 s^{-4-1} [7]. Também se verifica que a deformação plana mais longa e a taxa de endurecimento por trabalho mais elevada ocorrem a uma taxa de deformação mais elevada e a resistência à tração final (UTS) e a tensão de cedência (YS) resumidas, o que mostra que estas resistências não são fortemente influenciadas pela variação da taxa de deformação. A YS média é de cerca de 430 MPa e a UTS média é de cerca de 750 MPa. Pelo contrário, o alongamento total é visivelmente mais elevado com o aumento da taxa de deformação. A redução da área também é reduzida com o aumento da taxa de deformação, como se pode ver no quadro seguinte.

Quadro 1 Valor da área de redução (RA %) e do expoente de endurecimento por deformação

Taxa de deformação (s⁻)	RA%	n
1×10^{1}	66.8	0.29
$1 \times 10^{\sim 2}$	58.6	0.26
$1 \times 10^{-}$	53	0.25
$1 \times 10^{\sim 4}$	52.3	0.24

[27], aqui o autor considera uma taxa de deformação constante que se situa na gama do quase-estático. Neste trabalho, os espécimes são temperados e revenidos para uma estrutura de martensite e carregados até à fratura a uma taxa de deformação constante de $3,3 \times 10^{-4}$ s^{-1} por meio de uma máquina de ensaio dinâmico de materiais (MTS 810). A dimensão e a geometria dos provetes, bem como o procedimento de ensaio, estão em conformidade com a norma ASTM E 8 (1981) para ensaios de tração. De acordo com esta norma, utiliza-se um comprimento de calibre nominal de 50 mm e um calibre de 12,5 mm na preparação dos espécimes e o presente trabalho também utiliza esta norma, de modo a que o mesmo tamanho de espécime, mas o espécime, seja ensaiado nas gamas quase-estáticas, tendo quatro gamas de taxa de deformação para investigar o efeito da taxa de deformação. Para os ensaios mecânicos, os espécimes são montados num sistema dinâmico de ensaio de materiais (MTS) e puxados até à fratura à temperatura ambiente com uma velocidade constante da cruzeta de 0,0083 mm s1, o que corresponde a uma taxa de deformação inicial de $3,3 \times 10^{-4}$ s^{-1} (se todo o movimento da cruzeta for transmitido ao espécime), a fim de obter as propriedades de escoamento à temperatura ambiente. Esta investigação está de acordo com o presente trabalho, uma vez que utiliza as propriedades mecânicas, tais como a tensão de rutura, a tensão de cedência e a área de redução

percentual, que são calculadas a partir dos diagramas tensão-deformação obtidos a partir do ensaio de tração, em que são utilizados os três últimos provetes em condições idênticas. Neste estudo, também se considera o expoente de endurecimento por deformação, que é um parâmetro muito importante no comportamento mecânico de um material, a partir das curvas tensão-deformação reais para o aço AISI 4340, que estão em conformidade com as relações de Ludwik

Equação 1

em que K é o coeficiente de resistência e n é o expoente de endurecimento por deformação. Estas duas constantes descrevem completamente a forma das curvas tensão - deformação reais. O valor de "K" fornece uma indicação do nível de resistência do material e da magnitude das forças necessárias para a enformação, enquanto o valor de "n" correlaciona o declive da curva tensão-deformação verdadeira, ou seja, a taxa de endurecimento por trabalho, que fornece uma medida da capacidade do material para retardar a localização da deformação. Em tensão uniaxial, a tensão equivalente σ_i é igual à tensão de tração σ, e a deformação equivalente ε_i é igual à deformação de tração ε, consequentemente a curva tensão verdadeira - deformação é igual à curva $\sigma = K\varepsilon^n$. A tensão σ não deve ser superior à tensão de instabilidade de tração σ_{crit}, que corresponde à carga máxima em tensão simples e que, por sua vez, marca o fim da deformação uniforme, assim $\sigma_{crit} = K(\varepsilon_{crit})^n$. [21], este é outro trabalho único sobre a deformação plástica de uma placa Ti-6Al-4V de 0,25" de espessura. São efectuados ensaios de compressão, tensão e cisalhamento a partir de taxas de deformação quase estáticas (10^{-4} s^{-1} , 10^{-2} s^{-1}) até taxas de deformação elevadas (até 5×10^3 s^{-1}) para estudar a sensibilidade do material à taxa de deformação. Os ensaios de tração e compressão são realizados em amostras maquinadas em diferentes direcções da placa (a 0°, ±45°, 90° em relação à direção de laminagem da placa em tração e a 0°, ±45°, 90° em relação à direção de laminagem e através da espessura da placa para ensaios de compressão) para estudar os efeitos de anisotropia. Também outra parte do trabalho explica as técnicas e configurações experimentais utilizadas para o ensaio quase-estático e de baixa taxa de deformação do Ti64. Foi utilizada uma máquina de ensaios servo-hidráulica biaxial modelo INSTRON 1321 para ensaiar o Ti64 em todos os ensaios de compressão, tração e torção de baixa velocidade. Figura 1. Mostra a máquina servo-hidráulica com os componentes importantes indicados na figura abaixo e a máquina pode mover-se ±2,41"

(61,214mm) e pode rodar ±45° em torno do eixo vertical. A estrutura de carga pode acomodar duas células de carga, uma célula Lebow-6467-107 com capacidade de impulso de 20.000 lb (88,96 kN) e capacidade de binário de   10.000 in.lb (1129,85 Nm) e uma célula de carga com punhos para segurar as hastes de pressão Câmaras DIC Hastes de pressão Espécime 37 Interface 1216CEW-2K mais pequena com capacidade de impulso de 2.000 lb (8,896 kN) e capacidade de binário de 1000 in.lb (112,99 Nm). A célula mais pequena é utilizada em experiências que implicam cargas/torques pequenos para uma maior precisão dos dados de carga/torque. A máquina é controlada com um controlador MTS Flex Test SE através de software multiusos. Pode captar dados até 100 kHz através do condicionador de sinal digital MTS 493.25. É possível escrever no software um procedimento simples de instruções passo a passo para repetir ensaios semelhantes. Foram efectuados ensaios quase estáticos a três taxas de deformação, nomeadamente 10^{-4} s^{-1} , 10^{-2} s^{-1} e 1s^{-1} (100 s^{-1}) em todas as cargas de compressão, tensão e cisalhamento.

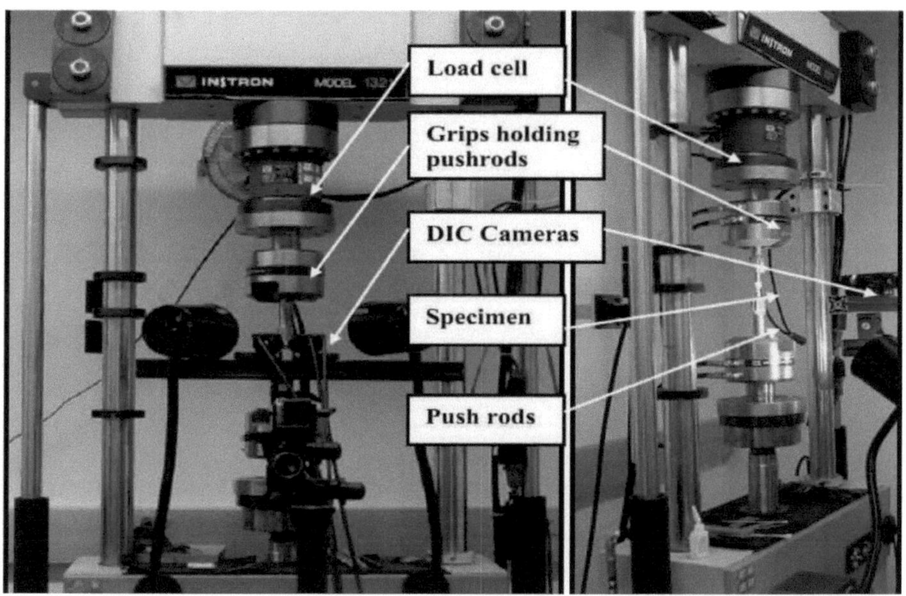

Figura 2 Máquina Instron com a configuração de correlação de imagem digital no Laboratório de Mecânica Dinâmica dos Materiais, OSU, a) Vista frontal b) Vista lateral[22].

O estudo de sensibilidade da taxa de deformação deste trabalho mostra que a sensibilidade da taxa de deformação do material Ti-6Al-4V é ilustrada nestes gráficos, uma vez que a tensão de cedência aumenta com o aumento da taxa de deformação de 10^{-4} s^{-1} para 10^3 s^{-1} em todos os modos de carregamento. Também se pode ver que a taxa de endurecimento por deformação do material muda com a taxa de deformação, ou seja, a uma taxa de deformação mais baixa, observa-se uma curva de deformação pós-deformação mais acentuada em comparação com uma curva pós-deformação mais plana observada a taxas de deformação mais elevadas. Esta investigação foi realizada sob taxas de deformação alcançadas durante as experiências que variaram de 8000 s^{-1} a 15000 s^{-1} para os espécimes de aço e de 9000 s^{-1} a 19000 s^{-1} para os espécimes de cobre para as velocidades do projétil de 68 a 120 m/s. Uma vez que a experiência é realizada a uma taxa de deformação elevada para o material de aço e de cobre, a sua diferença em relação ao presente trabalho é muito grande. Mas o seu objetivo comum é que ambos os trabalhos estudam as diferentes gamas de efeito da taxa de deformação nos materiais durante o impacto. Um estudo realizado por [14], é outro trabalho que é uma investigação que tem lugar nos Estados Unidos da América, um dos acidentes inesquecíveis nos gémeos do WTC que é atacado por terroristas por um avião de alto impacto. Assim, o material que resultou do ataque é investigado através de experiências e ensaios em moinhos para conhecer as propriedades mecânicas. É necessária uma importante correção aditiva à tensão de cedência estimada, uma vez que os valores dos relatórios dos ensaios experimentais e dos ensaios de laminagem são mais elevados porque os ensaios não são realizados a uma taxa de deformação nula. O limite de elasticidade num relatório de ensaio ou numa determinação experimental é o limite de elasticidade dinâmico, σ_{yd} . Para modelar o desempenho de um edifício, o limite de elasticidade adequado é o limite de elasticidade estático, ou a taxa de deformação zero, σ_{ys} . A partir do limite de elasticidade estático, podem ser calculados todos os aumentos de resistência devidos aos efeitos da taxa de deformação, tais como os produzidos no impacto da aeronave. A partir de ensaios efectuados em vários aços estruturais diferentes, [20] estimou que, para taxas de deformação de $16{\times}10$ s^{-4-1} > $\dot{\varepsilon}$ >$2{\times}10$ s^{-4-1} , a diferença entre o limite de elasticidade estático, σys, e o dinâmico, σyd, pode ser representada por

$$\sigma_{ys} - \sigma_{yd} = -(3.2 - 1000\dot{\varepsilon}) = K_{dynamic} \qquad \textit{Equation 2}$$

É bem sabido que as resistências ao escoamento e à rutura dos aços aumentam com o aumento da taxa de deformação. Em termos da resposta mecânica dos aços nas torres, o impacto a alta velocidade do avião é um acontecimento de elevada taxa de deformação, que está muito acima das taxas de deformação convencionais normalmente associadas às medições das propriedades mecânicas. Estima-se que as taxas de deformação nos aços do World Trade Center (WTC), devido ao impacto da aeronave, tenham sido de até 1000 s^{-1} . Modelos exactos do impacto da aeronave e dos danos resultantes nas torres requerem o conhecimento das propriedades mecânicas dos aços a taxas de deformação elevadas. Existe uma diferença entre o presente documento e o presente estudo: no presente documento, o impacto em estudo é um impacto a baixa velocidade; em segundo lugar, a aplicação é no para-choques de uma viga de automóvel, ao contrário do estudo do WTC, que se concentra nos materiais de construção, como parafusos, barras de colunas, etc., que restaram da destruição do edifício; em terceiro lugar, a gama de taxas de deformação é quase-estática no presente documento, mas, na presente literatura, é a altas taxas de deformação, porque o avião atingiu o edifício a alta velocidade ou com um impacto a alta velocidade. A outra diferença é que a literatura sobre a investigação do comportamento mecânico dos materiais do WTC tem em conta o efeito da temperatura, porque houve um incêndio depois de o edifício ter sido atingido pelos aviões a alta velocidade. Neste caso, o programa de ensaios a alta temperatura teve dois objectivos. Um deles era caraterizar o comportamento tensão-deformação a temperaturas elevadas dos aços com maior probabilidade de terem sido afectados pelos incêndios pós-impacto. O segundo era caraterizar a fluência, ou deformação dependente do tempo, do comportamento dos aços das treliças do piso. Em cada uma destas duas áreas, para além da caraterização experimental, o NIST desenvolveu metodologias para prever o comportamento de aços não testados. Mas, na presente investigação, não existem dispositivos disponíveis para investigar o comportamento das três amostras de aço de baixo carbono simples a temperaturas elevadas. [23] Neste trabalho, também se discute o efeito e a gama de taxas de deformação, uma vez que a variação da resistência do material com a taxa de deformação aplicada é uma consideração importante no projeto de classes de materiais utilizados em estruturas sujeitas a cargas aplicadas subitamente. Foi observado que, para muitos materiais, a tensão aumenta rapidamente com a taxa de deformação para uma dada carga aplicada subitamente. Este efeito é apresentado na Figura 2, que mostra esquematicamente o valor limite a partir do qual essas alterações são observadas em relação a um determinado tipo de material e a uma carga dinâmica especificada. Em geral, observa-se que tais alterações ocorrem a taxas de deformação da ordem de grandeza de 30/s para os metais. Este documento também tenta discutir as gamas de taxas de deformação sob diferentes condições de carga. Para taxas de deformação superiores a 1/seg., que podem ser consideradas como um ponto de partida inicial para avaliar os efeitos da carga dinâmica em relação à sensibilidade da taxa de material, foram utilizados os seguintes tipos de ensaios:

A fim de compreender este comportamento e obter informações sobre o desenvolvimento de modelos matemáticos adequados para descrever o comportamento dos materiais a elevadas taxas de deformação, são necessárias várias questões importantes. Entre estas questões estão

J Medição direta da taxa de deformação por experiência.

J Desenvolvimento de modelos constitutivos

J Compreender o processo físico envolvido nas falhas dinâmicas.

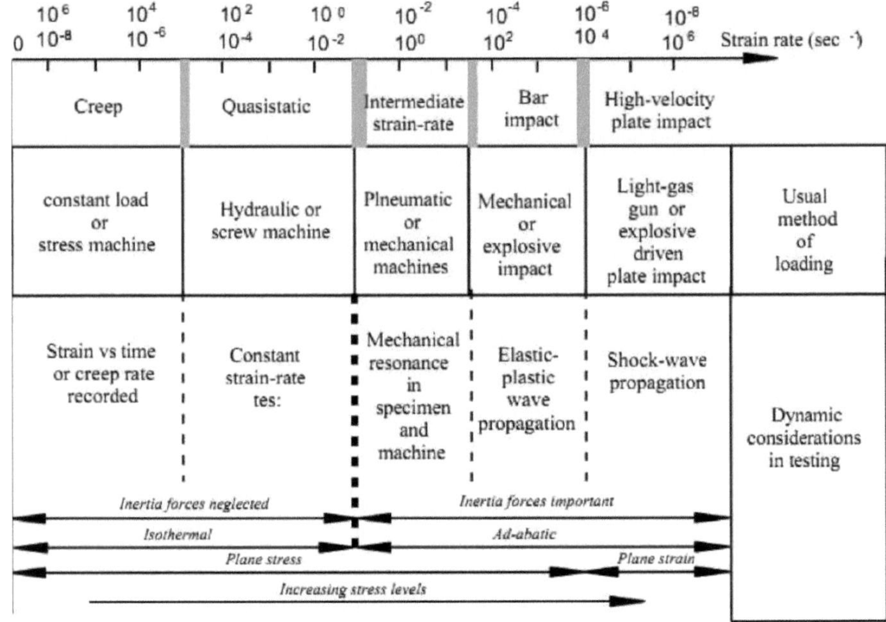

Figure 3   Aspectos dinâmicos dos ensaios mecânicos

No presente trabalho, a investigação centra-se no impacto a baixa velocidade e a gama de deformação considerada é quase estática, ou seja, para cada ensaio, a taxa de deformação é constante. Neste caso, é utilizada uma máquina de ensaio hidráulico para ensaiar o espécime com a gama de taxas de deformação acima mencionada para a carga de tração. [26] Também apresentou a resposta tensão-deformação destes aços que foram medidos a sete taxas de deformação entre $0{,}003$ s^{-1} e 1500 s^{-1} ($0{,}003$, $0{,}1$, 30, 100, 500, 1000 e 1500 s^{-1}) e temperaturas de 21, 150 e 300 °C. Além disso, os aços foram testados tanto na condição de chapa não conformada quanto na condição de tubo conformado, de modo que os efeitos da conformação do tubo pudessem ser identificados. As taxas de deformação inferiores a 10^{-6} s^{-1} 4ocorrem em aplicações relacionadas com a fluência e são testadas utilizando pesos mortos. As taxas de deformação superiores a 10^{-6} s^{-1} e inferiores a 5×10^{-1} s^{-1} ocorrem no carregamento quase-estático de materiais e são normalmente ensaiadas utilizando uma máquina de ensaio servo-hidráulica [22]. Na figura seguinte, o autor mostra as gamas de taxas de deformação e os diferentes aparelhos utilizados, bem como a sua aplicação correspondente.

Strain rates (s^{-1}) $\longrightarrow$

	10^{-8}	10^{-6}	10^{-4}	10^{-2}	10^{0}	10^{2}	10^{4}	10^{6}	10^{8}
Strain rate	Creep		Quasi-static		Intermediate	High strain rate		Ultra high strain rate	
Apparatus used for experimentation	Dead weights		Servohydraulic Testing machine		Drop weights / Intermediate strain rate bar	Kolsky Bar/ SHPB	Desktop Kolsky bar	Pressure shear impact test	
Typical application	Creep		Statically loaded materials		Low velocity impact.	Penetration, Blade containment in engines.		Planetary impact	

Figure 4   Configurações e aplicações experimentais para o ensaio de materiais.

2.3. Métodos e procedimentos experimentais

A dimensão e a geometria dos provetes, bem como o procedimento de ensaio, estão em conformidade com a norma ASTM E 8 (1981) para ensaios de tensão. De acordo com esta norma, é utilizado um comprimento nominal de calibre de 50 mm e um calibre de 12,5 mm na preparação dos espécimes. Para os ensaios mecânicos, os espécimes são montados num sistema dinâmico de ensaio de materiais (MTS) e puxados até à fratura à temperatura ambiente com uma velocidade constante da cruzeta de 0,0083 mm s^{-1} , o que corresponde a uma taxa de deformação inicial de 3,3 $\times 10^{-4}$ s^{-1} (se todo o movimento da cruzeta for transmitido ao espécime), a fim de obter as propriedades de escoamento à temperatura ambiente. É utilizado um extensómetro com um comprimento nominal de 25 mm para medir a deformação dos provetes e o movimento da cruzeta em relação à barra de tração central. As propriedades mecânicas, tais como a tensão de rutura, a tensão de cedência e a área de redução percentual, são calculadas a partir dos diagramas tensão-deformação obtidos a partir do ensaio de tração, em que são utilizados os três últimos provetes em condições idênticas [27].

[15], introduziu os ensaios de tração normalizados, geralmente realizados de acordo com a norma ASTM International (ASTM) E 8-01, "Standard Test Methods for Tension Testing of Metallic Materials", utilizando uma máquina de ensaio electro-mecânica, servo-hidráulica ou de parafuso, de circuito fechado. Na maior parte dos casos, a determinação da tensão de cedência foi efectuada a uma taxa de cruzeta em funcionamento que produziu taxas de deformação pós-rendimento entre 0,001 min^{-1} e 0,005 min^{-1} . Em alguns ensaios, a taxa de extensão foi aumentada para produzir uma taxa de deformação plástica de 0,05 min^{-1} para a determinação da resistência à tração. Noutros casos, todo o ensaio foi realizado a uma taxa de extensão constante. Vários testes foram efectuados a uma taxa de extensão ligeiramente superior, 0,0325 mm/s, que produziu taxas de deformação plástica em conformidade com a norma ASTM A 370-67, o método de teste utilizado pelas siderurgias para qualificar o aço. Grande parte do aço recuperado foi danificado na queda das torres ou no

manuseamento subsequente durante a limpeza do local do WTC. Os espécimes foram seleccionados a partir das regiões menos deformadas. Mesmo assim, algumas das curvas tensão-deformação resultantes dos aços de baixa resistência não apresentam um ponto de cedência. Nesses casos, a tensão de cedência foi determinada pelo método de desvio de 0,2 por cento, conforme especificado na norma ASTM E 8-01. As diferenças geométricas e de espessura nos vários componentes não permitiram uma geometria de amostra única e normalizada para os ensaios de tração. A deformação do provete foi medida utilizando extensómetros de classe B2 que estavam em conformidade com a norma ASTM E 83, "Standard Practice for Verification and Classification of Extensometer System." O alongamento total foi calculado através da medição de marcas de calibre no espécime antes do ensaio e novamente após a fratura. As reduções de área para os espécimes redondos foram medidas comparando a área da secção transversal original com a área da secção transversal mínima no local da fratura. As reduções de área para os espécimes de secção transversal retangular e quadrada foram calculadas com base na forma parabólica da superfície de fratura, de acordo com a nota 42 da ASTM E 8-01. As figuras mostram as várias configurações de provetes de tração utilizadas durante este estudo. Embora este estudo tenha considerado mais de 10 tipos de configuração de espécimes, para relacionar as ideias com o presente documento, é aqui discutida a configuração de espécimes relacionada.

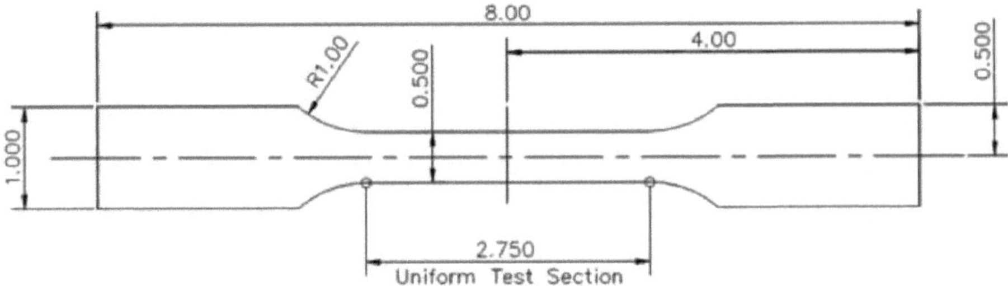

Figura 5 Espécime plano de tração tipicamente utilizado para ensaios de tração quase estáticos à temperatura ambiente .

Outra configuração de provete preparada para ensaio de tração é apresentada por [22] A Figura 6 mostra o provete de osso de cão plano concebido para o ensaio de tração do Ti64. A secção da bitola tem 0,200" de comprimento, 0,080" de largura e 0,027" de espessura. É previsto um raio de 0,050" nos cantos para garantir que não há efeitos de concentração de tensões.

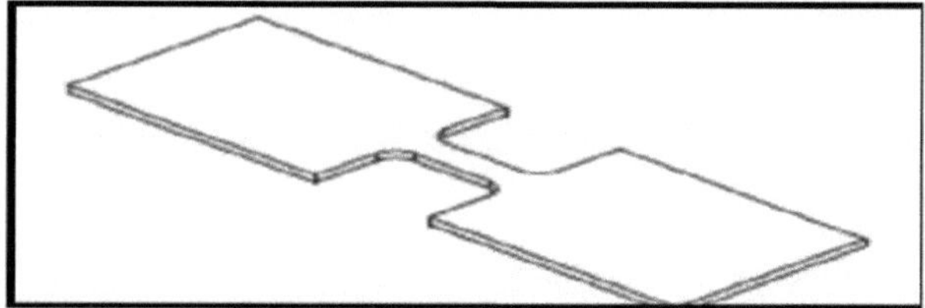

Figura 6 Um provete plano de dogbone Ti64 para ensaios de tração

Estão disponíveis muitos métodos de ensaio dinâmicos, mas, de acordo com a sua aplicação e disponibilidade na Etiópia e, em particular, na Universidade de Adis Abeba, nenhum dos seguintes métodos de ensaio, exceto o ensaio de tração utilizando uma máquina de ensaio universal servo-hidráulica, é apresentado ou aplicado neste documento, mas, como método, são aqui citados. De acordo com a sua investigação, cada um destes métodos de ensaio pode ser utilizado para descrever uma determinada gama de taxas de carga/deformação e cada técnica pode ser utilizada para obter informações específicas sobre a resposta dinâmica e o comportamento dos materiais.

2.3.1. Métodos de ensaio dinâmicos

* Testes de punção

* Izod, Impacto Charpy

* Testes de peso de queda

* Máquinas hidráulicas/pneumáticas

* Barras de pressão Hopkinson

* compressão

* tensão

* cisalhamento

* flexão

* Placa de folheto

Seguem-se alguns comentários específicos sobre cada uma das técnicas de ensaio.

Os ensaios de punção estão relacionados com a taxa de carga e são geralmente utilizados em amostras do tipo viga e placa. A informação obtida a partir destes ensaios está relacionada com a carga máxima de perfuração para uma determinada velocidade de carga.

Os ensaios Charpy/Izod estão relacionados com a taxa de carga e são geralmente utilizados em amostras de vigas que podem ser entalhadas ou não entalhadas. Estes ensaios são frequentemente utilizados como parte de um programa de ensaios normalizado para obter informações sobre a absorção de energia do material, a sensibilidade ao entalhe e o tipo de falha/fratura que ocorre no material.

Os serviços de peso de queda estão relacionados com a taxa de carga e são geralmente utilizados em amostras do tipo viga e placa. Os dados obtidos estão relacionados com a absorção de energia do material, a resistência à fratura, os mecanismos de falha e a sensibilidade ao entalhe.

Os dispositivos hidráulicos/pneumáticos testam a sensibilidade da taxa de deformação do material em amostras carregadas num modo de teste uniaxial. Os dados obtidos a partir destes ensaios, para além da sensibilidade da taxa de material, incluem propriedades mecânicas e modos de falha do material.

Os ensaios de barra de pressão Hopkinson são utilizados num modo de carga de tração, compressão, torção ou flexão. Os dados obtidos para esses ensaios incluem informações sobre a sensibilidade do material à taxa de deformação, tensão e modelação, propriedades constituintes, tensão final dinâmica, mecanismos de fratura, modelação de equações constitutivas, atenuação de impulsos e início de danos.

As experiências de impacto de placas/placas voadoras são efectuadas a taxas de carga e deformação muito elevadas. Os dados obtidos a partir destes ensaios incluem informações sobre o feitiço, processos de falha, degradação das propriedades do material, danos induzidos por ondas de tensão e parâmetros de modelação constitutivos.

Das técnicas de ensaio citadas, os ensaios com barra de pressão representam uma das técnicas de ensaio mais utilizadas para investigar a sensibilidade à taxa de deformação de metais e materiais compósitos. No presente trabalho, é utilizada uma máquina de ensaios servo-electro-hidráulica para carregar cada amostra em tensão, a fim de obter o comportamento mecânico do material em estudo. Este aparelho é utilizado nesta investigação devido à sua restrição de capacidade máxima: velocidade máxima da cruzeta de 15 mm/min e carga máxima de 600 kN gerada pela máquina, pelo que a taxa de deformação também é forçada a ser restringida nas gamas quase estáticas.

2.4. Para-choques

Nos automóveis, um para-choques é a parte mais dianteira ou mais traseira, ostensivamente concebida para permitir que o automóvel suporte um impacto sem danificar os sistemas de segurança do veículo [17].

A figura 7 mostra um para-choques dianteiro de um BMW (realçado a vermelho) [17].

2.4.1. Objetivo de um sistema de para-choques

Minimizar os danos ou lesões através da absorção de energia por deformação elástica e, eventualmente, plástica durante colisões frontais e traseiras com peões, outros veículos e obstáculos fixos a velocidades relativamente baixas.

Os procedimentos de ensaio legislativos e de seguros encontram-se na FMVSS 581, na EC 78/2009 e nos sítios Web dos membros do RCAR. Especificam os requisitos contraditórios de um amortecedor suave para a segurança dos peões com a seguinte funcionalidade:

-1- Prevenir danos estruturais e visíveis resultantes de impactos a baixa velocidade

-2- Minimizar o custo da reparação (taxa de seguro) resultante de impactos a média velocidade (15 km/h)

-3- Gerir a trajetória da carga e a integridade estrutural para impactos a velocidades mais elevadas, a fim de maximizar a proteção dos ocupantes.

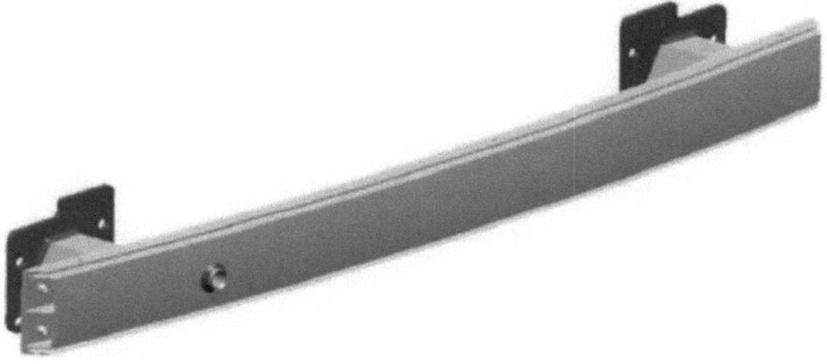

Mostra a viga do para-choques com caixa de choque (fonte: [4])

O objetivo global continua a ser a redução da agressividade do acidente. Estas questões são resolvidas através de uma deformação controlada do acidente. Este estudo de caso trata da eficácia do sistema de gestão de colisão, composto pelo para-choques e pelos tubos de colisão [4].

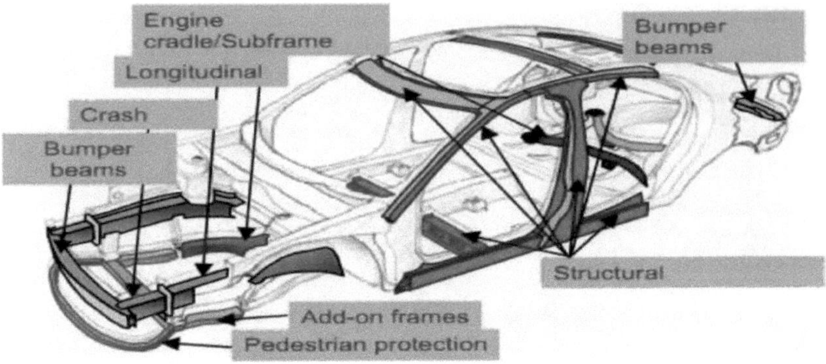

Composto pelo para-choques e pelos tubos de choque (fonte: [4])

2.4.2. Um sistema de para-choques e componentes

Um sistema de para-choques é constituído por três componentes (como se mostra na figura 8), nomeadamente a fasquia de plástico, o absorvedor de energia e a viga do para-choques. Na subsecção seguinte, é apresentada uma breve descrição dos componentes.

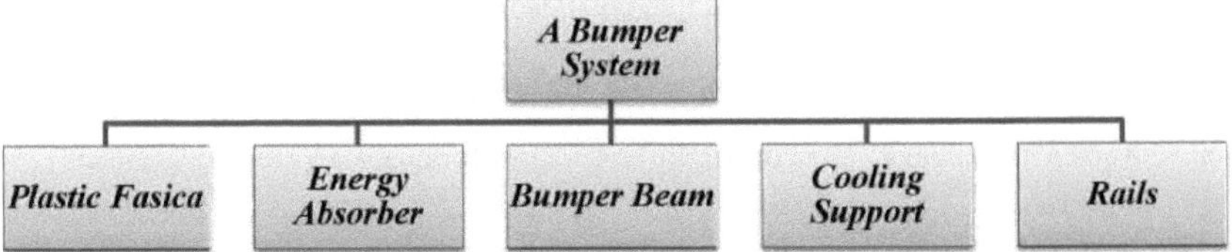

A figura 8 mostra o sistema e os componentes do para-choques para automóveis

2.4.2.1. Fasica

A fasquia do para-choques é concebida para satisfazer vários requisitos. Deve ser aerodinâmica para controlar o ar à volta do automóvel e a quantidade de ar que entra no compartimento do motor. Deve ser esteticamente agradável para o consumidor. Os para-choques típicos são concebidos com muitas curvas e saliências para dar dimensão aos para-choques e distinguir os veículos dos modelos concorrentes. Outro requisito das fasquias dos para-choques é que sejam fáceis de fabricar e de produzir. É igualmente importante que sejam leves. Praticamente todas as fasquias são feitas de um a três materiais: polipropileno, poliuretano.

Figura 9 Mostra a parte fasica do sistema de para-choques [9]

2.4.2.2. Absorvedor de energia

Os absorvedores de energia são concebidos para absorver uma parte da energia cinética de uma colisão de veículos. Os absorvedores de energia são muito eficazes em impactos a baixa velocidade, em que o para-choques regressa às suas posições originais. Para cumprir a regulamentação federal dos EUA, os fabricantes equipam os seus para-choques com absorvedores de energia. Geralmente, os absorvedores de energia são montados entre a barra frontal/reforço do para-choques e a estrutura. Existem três tipos de amortecedores de energia. O mais comum é semelhante aos amortecedores. O amortecedor de para-choques típico é um cilindro cheio de fluido hidráulico. Após o impacto, um pistão cheio de gás inerte é forçado a entrar no cilindro. Sob pressão, o fluido hidráulico flui para o pistão através de uma pequena abertura. O fluxo controlado de fluido absorve a energia do impacto. Quando a força do impacto é aliviada, a pressão do gás comprimido força o fluido hidráulico a sair do pistão e a voltar para o cilindro. Esta ação força o para-choques a regressar à sua posição original.

Outro tipo de absorvedor de energia encontra-se em muitos motores ligeiros e veículos de modelo desportivo. Em vez de amortecedores, a espuma é montada entre a fasica e a barra frontal ou a barra de reforço, onde uma almofada de espuma de uretano espessa é colocada entre a barra de impacto e uma barra frontal ou cobertura de plástico. Em alguns veículos, a barra de impacto é fixada à estrutura com parafusos de absorção de energia. Os parafusos e os suportes são concebidos para se deformarem durante a colisão, a fim de absorverem parte da força do impacto. O suporte tem de ser substituído na maioria das reparações de colisões [16] Os tipos de absorventes de energia incluem espuma, favo de mel e dispositivos mecânicos. Todos os absorvedores de espuma e favo de mel são feitos de um dos três materiais: polipropileno, poliuretano ou poliuretano de baixa densidade. Os amortecedores mecânicos são metálicos e resmungáveis. Em alguns sistemas de para-choques, a própria viga de reforço é concebida para absorver e não são necessários absorvedores de energia separados. No presente documento, o absorvedor de energia é um invólucro metálico de forma recatngular que se assemelha a um amortecedor e tem a forma de uma viga em S, que é montada na viga do para-choques para ajudar a absorver a energia quando o para-choques é atingido e, em seguida, encurva-se, proporcionando um efeito de absorção de energia e de armazenamento de energia. Após o impacto, a energia armazenada na concha de forma retangular da viga em S faz com que a unidade e o para-choques voltem à sua posição original.

O principal objetivo de uma viga de para-choques para automóveis é proteger os passageiros do veículo contra ferimentos em caso de colisão a baixa velocidade. O sistema de para-choques para automóveis também protege o capot, a bagageira, o combustível, o sistema de escape e de arrefecimento, bem como o equipamento de segurança. O objetivo de um sistema de para-choques é minimizar os danos ou lesões através da absorção de energia por deformação elástica e, eventualmente, plástica durante colisões frontais e traseiras com peões, outros veículos e obstáculos fixos a velocidades relativamente baixas. A função dos para-choques dos automóveis mudou consideravelmente nos últimos 70 anos. O desempenho posterior é conseguido através de uma combinação de conceção cuidadosa e seleção de materiais para obter um equilíbrio particular de rigidez, resistência e absorção de energia que é único para cada plataforma. A absorção de energia é um critério importante, porque o para-choques deve limitar a quantidade de força de impacto que transmite às calhas circundantes e à estrutura do veículo. O para-choques para automóveis desempenha um papel muito importante não só na absorção da energia de impacto (objetivo original de segurança), mas também do ponto de vista do estilo. Nos últimos anos, a indústria automóvel tem prestado muita atenção à leveza e à segurança suficiente. Por conseguinte, o sistema de para-choques equipado com uma viga de para-choques e um elemento de absorção de energia é um novo mundo no mercado [6]. Neste trabalho, o autor seleccionou materiais compósitos para este sistema de segurança automóvel, tendo em conta o peso e o correspondente consumo de combustível, mas no presente estudo o material em estudo é o aço de baixo carbono, tendo em conta a sua ductilidade e a máxima absorção de energia durante uma colisão a baixa velocidade. Não só a absorção de energia, mas também a facilidade de conformação e a possibilidade de reciclagem do material, ao contrário dos materiais compósitos.

[3] Aqui, o relatório considera vários factores que um engenheiro deve ter em conta ao selecionar um sistema de para-choques. O fator mais importante é a capacidade de o sistema de para-choques absorver energia suficiente para cumprir a norma interna de para-choques do OEM. Outro fator importante é a capacidade do para-choques para absorver energia e permanecer intacto em impactos a alta velocidade. O peso, a capacidade de fabrico e o custo são também questões que os engenheiros consideram durante a fase de conceção. Tanto o custo inicial do para-choques como o custo de reparação são importantes. A formabilidade dos materiais é importante para os sistemas de para-choques de grande amplitude. Outro fator considerado é a reciclabilidade dos materiais, que é uma vantagem definitiva para o aço. Tanto o último fator como os factores de absorção de energia são o principal objetivo e a concordância da presente investigação com o relatório acima referido, sendo o

mais importante o facto de o presente trabalho considerar amostras de aço de duas indústrias da Etiópia com diferentes composições e presumivelmente retiradas da viga do para-choques e testadas utilizando uma máquina de ensaio universal para diferentes taxas de deformação e nas gamas quase estáticas. A sua absorção de energia durante a deformação sob carga aplicada é calculada a partir do gráfico carga versus alongamento e o melhor material é selecionado para a viga de para-choques. A figura 9, de A a D, mostra os diferentes sistemas de para-choques.

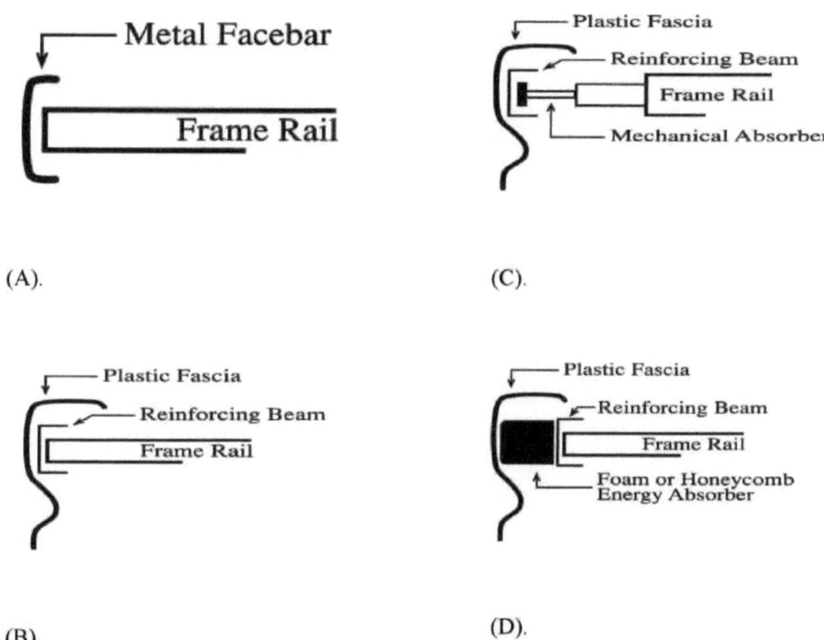

Figura 10 Quatro tipos diferentes de sistemas de para-choques para automóveis: A) Sistema de barra frontal metálica, B) sistema de fasquia de plástico e viga de reforço, C) fasquia de plástico, viga de reforço e absorvedores de energia e D) fasquia de plástico, viga de reforço e absorvedores de energia em espuma ou favo de mel

2.4.2.3. Viga do para-choques

A viga de reforço do para-choques é o componente chave do sistema de para-choques que ajuda a absorver a energia cinética de uma colisão e fornece proteção ao resto do veículo. Ao manter-se intacta durante uma colisão, preserva a estrutura. Os problemas de conceção da viga de reforço incluem a resistência, a capacidade de fabrico, o peso, a possibilidade de reciclagem e o custo. O atual sistema de para-choques utiliza aço para produzir a viga do para-choques. As vigas de reforço em aço são fabricadas em profundidade (estampagem), em varrimento (perfilagem) ou pelo processo Planja (estampagem a quente).

Uma viga estampada é vantajosa na produção de grandes volumes e oferece formas complexas. No entanto, o processo de estampagem é de capital intensivo e este processo requer uma boa formabilidade do aço. O processo de planja num processo de estampagem a quente, que resulta numa viga de elevada resistência, é relativamente dispendioso devido à sua baixa taxa de produção. As chapas metálicas são continuamente introduzidas num forno a gás e aquecidas até à temperatura de austenitização, aproximadamente 900^0 C, em cerca de 3 a 5 minutos. Em seguida, o material é introduzido numa prensa hidráulica. A prensa faz um ciclo para baixo, permanecendo nessa posição enquanto as matrizes arrefecem rapidamente o aço formado até a temperatura ser de aproximadamente 40^0 C, muito abaixo da temperatura de acabamento martensítico. O tempo necessário para arrefecer as peças nas matrizes é de 10 segundos por mm de espessura. A viga de espuma de rolo representa a maioria das vigas de reforço de aço utilizadas atualmente. As secções transversais mais comuns das vigas de espuma em rolo são as formas de caixa, C ou canal e chapéu. Todas as vigas de reforço em aço são mais resistentes à corrosão. Algumas vigas são feitas de chapa galvanizada por imersão a quente. O revestimento de zinco nestes produtos proporciona excelentes propriedades de resistência à corrosão [5]. A Figura 10 A & B abaixo mostra os diferentes tipos de processo para obter a viga de para-choques.

A definição de profundidade de tração e de varrimento dada pelo American Iron and Steel Institute é a seguinte

A varredura exprime o grau de curvatura da face exterior do para-choques, ou a face mais afastada do interior do veículo. A varredura é definida na figura 10, apresentada a seguir [2].

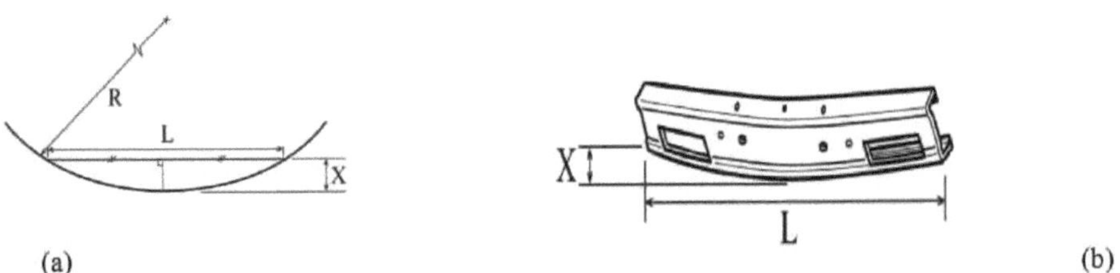

Figura 11(a) e (b) Mostra a definição de varrimento

A profundidade de tração é frequentemente utilizada para descrever a quantidade de arredondamento e de enrolamento numa secção do para-choques e, em particular, numa barra frontal estampada. Como se mostra na Figura 5.2, a profundidade de tração é a distância, X, entre o ponto extremo à frente num para-choques e o ponto extremo à ré num para-choques. Esta distância tem um significado físico na medida em que não pode exceder a abertura disponível numa determinada prensa de estampagem. X é normalmente indicado em polegadas (milímetros) [2].

 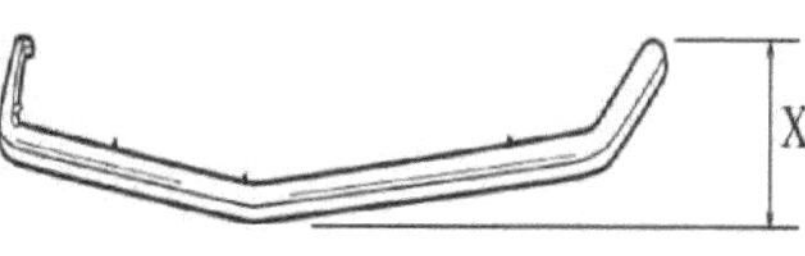

Figura 12 a) toyota camryno. 35 fonte de varrimento: [2] Figura 13 Definição da profundidade de tração [2]

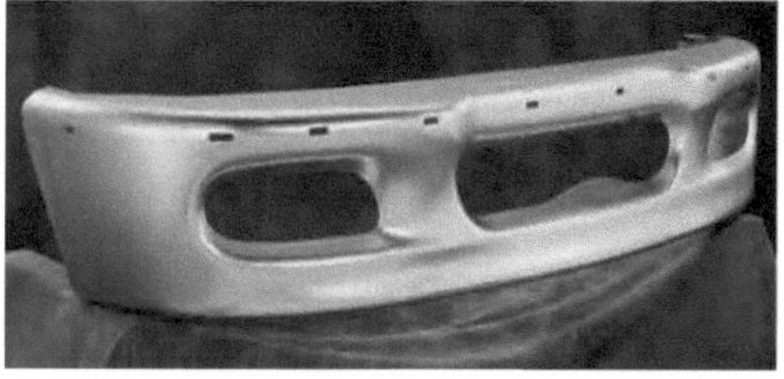

Figura 14 b) pickup ford f150 profundidade de tração de 559 mm (22 polegadas) com aço 50xlf. Fonte de estilo aerodinâmico: [2]

2.5. Absorção de energia

O sistema moderno tem a função de absorver a energia do embate a baixa velocidade, evitando assim danos maiores no veículo. A capacidade de absorção de energia (EA) do sistema de para-choques durante uma colisão a baixa velocidade é avaliada pela resposta carga-deslocamento. A área sob o diagrama carga-deslocamento é uma medida da energia absorvida. Durante o impacto a baixa velocidade, o sistema de para-choques tem a função de evitar danos na carroçaria em branco. Por conseguinte, a carga de impacto de deslocamento máximo transmitida através do sistema tem de ser limitada. A deslocação máxima é especificada pelo projeto do veículo [18]. E é aqui apresentada da seguinte forma

$$EA = \int F dl$$ (Equation 3)

A absorção de energia é calculada utilizando a energia total durante o impacto para cada intervalo de deslocação. A energia de absorção, E *absorvida*, é expressa pela equação seguinte

$$Easorbed = Total\ energy - Kinetic\ energy$$ (*Equation 4*)

2.5.1. Absorção específica de energia (SEA)

Como esperado, a absorção de energia torna-se maior à medida que as espessuras aumentam. No entanto, para comparar as espessuras, a absorção específica de energia (SEA) é calculada dividindo a energia absorvida pela massa da viga do para-choques, como na equação abaixo:

$$SEA = \frac{E_{absorb}}{m_{beam}}$$ (*Equation 5*)

Como resultado, a espessura de 2,0 mm apresenta um desempenho surpreendente e a diferença de SEA entre as outras espessuras é baixa. Quanto à deflexão, esta diminui à medida que a espessura aumenta [11].

CAPÍTULO 3

3. Metodologia

3.1. Método experimental

3.1.1. Introdução

Os ensaios mecânicos desempenham um papel importante na avaliação das propriedades fundamentais dos materiais de engenharia, bem como no desenvolvimento de novos materiais e no controlo da qualidade dos materiais para utilização na conceção e construção. Se um material for utilizado como parte de uma estrutura de engenharia que será sujeita a uma carga, é importante saber se o material é suficientemente forte e rígido para suportar as cargas que sofrerá em serviço. Como resultado, os engenheiros desenvolveram uma série de técnicas experimentais para ensaios mecânicos de materiais de engenharia sujeitos a cargas de tração, compressão, flexão ou torção.

3.1.2. Descrição da experiência

Esta experiência é efectuada para obter as propriedades dos materiais de amostra, que são três e todos eles são aço de baixo carbono, uma vez que contêm aproximadamente 0,05-0,15% de carbono. O ensaio de tensão é efectuado no Instituto de Tecnologia de Adis Abeba, no departamento de engenharia mecânica da oficina mecânica. O material de amostra do material a granel do para-choques é levado para ser testado no nosso laboratório quanto à resistência à tração. As amostras são preparadas de acordo com as normas ASTM E8, a fim de atingir o objetivo experimental. O ensaio de tração é realizado utilizando a máquina de ensaio universal servo-electro-hidráulica com aquisição de dados, a fim de obter informações sobre os dados X-Y durante o ensaio da amostra. A experiência é realizada aplicando uma carga da máquina de ensaio universal servo-hidráulica, aplicando uma carga uniaxial de tração num dos lados do espécime e o outro lado é fixado. A medição é efectuada na secção do gabarito, cujo comprimento é de 50 mm, a espessura de 2 mm e a largura de 12,5 mm. O ensaio de tração assemelha-se ao trabalho a frio ou ao endurecimento por deformação porque o processo ou a experiência é realizado sem temperatura ou, na maioria das vezes, é realizado à temperatura ambiente e abaixo da temperatura de recristalização. Os resultados necessários da aquisição de dados na curva tensão-deformação são: 0,2% de tensão de cedência, tensão final, módulo de elasticidade, ductilidade (percentagem de alongamento e percentagem de redução da área) e o alongamento final na fratura é medido.

3.1.3. Contexto teórico

Os parâmetros da experiência de tração são muito importantes para lidar com a maior parte dos problemas de impacto, tais como o impacto de um automóvel com outro automóvel durante uma colisão a baixa velocidade, no momento em que o material é esticado (deformado), absorvendo energia em função do tipo de material e das propriedades mecânicas, o que constitui a principal preocupação do presente documento. O espécime em estudo para este trabalho é assumido como sendo retirado do material a granel em questão, ou seja, a viga do para-choques. Nesta parte teórica da experiência, são apresentados os princípios e algumas equações relacionados com a experiência e, posteriormente, utilizados para analisar os resultados.

As propriedades mecânicas que são importantes para um engenheiro de projeto diferem das que interessam ao engenheiro de fabrico.

-   **Na conceção,** as propriedades mecânicas, como o módulo de elasticidade e o limite de elasticidade, são importantes

de modo a resistir à deformação permanente sob tensões aplicadas. Assim, o foco está nas propriedades elásticas e plásticas. O comportamento de cedência de um material é determinado a partir da relação tensão-deformação sob um estado de tensão aplicado (tração, compressão ou corte). Este laboratório introduz o ensaio de tração uniaxial para determinar as propriedades mecânicas básicas de um material.

3.1.4. Princípios básicos

Durante o ensaio de tração do provete, são seguidos os seguintes princípios

- Uma força axial aplicada a um provete de comprimento original (lo) alonga-o, resultando numa redução da área da secção transversal de Ao para A até ocorrer a fratura. A carga e a alteração do comprimento entre dois pontos fixos (comprimento de medição) são registadas e utilizadas para determinar a relação tensão-deformação.

Alguns dos futuros têm lugar no provete durante o ensaio

No diagrama (à direita)

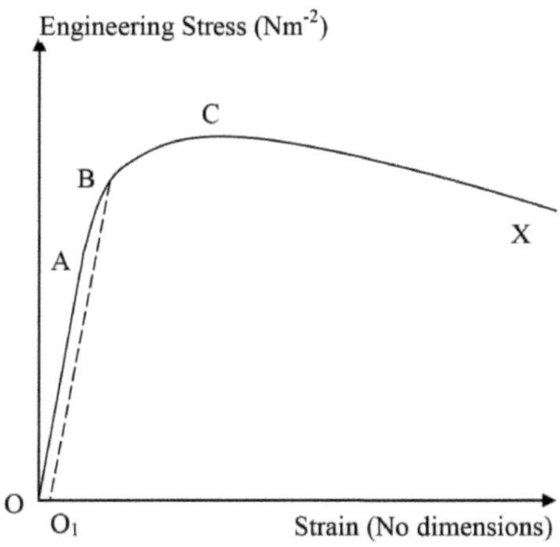

Figura 15 Diferentes regiões do gráfico tensão vs. deformação

O=origem   inicial

OO1   =Alongamento permanente

A=Limite   elástico

OA=Região linear

B=Ponto geral para   além de A

BO=Relaxamento   se a tensão for removida (Nota: O1B é paralelo a OA)

C=Força máxima

AC=Região   de deformação plástica

X=Falha

CA =   Escoamento Plástico (Nota: Esta é a região onde ocorre o "necking" ou afinamento localizado do espécime).

Saída de teste primária:

O principal resultado de um ensaio de tração é a curva de carga vs. alongamento da amostra, que é registada em tempo real utilizando uma célula de carga e um extensómetro. Esta curva é depois utilizada para determinar dois tipos de curvas tensão-deformação:

-     Tensão-deformação de engenharia

-     Tensão-deformação real

Engenharia de tensões e deformações:

J Estas quantidades são definidas em relação à área e ao comprimento originais do provete. A tensão de engenharia (σe) em qualquer ponto é definida como a razão entre a carga ou força instantânea (F) e a área original (Ao). A deformação de engenharia (e) é definida como a razão entre a mudança no comprimento (L-Lo) e o comprimento original (Lo).

$$\sigma_e = \frac{F}{A_O} \qquad (Equation\ 6)$$

$$e = \frac{L-L_O}{L_O} \qquad (Equation\ 7)$$

A curva de engenharia tensão-deformação (σe- e) é obtida a partir da curva carga-alongamento. O ponto de cedência, denominado limite de elasticidade (Y), significa o início da região plástica. É muito difícil encontrar experimentalmente o limite de elasticidade efetivo. Em vez disso, utilizamos um limite de elasticidade de 0,2%. O limite de elasticidade de 0,2% é o ponto na curva que é deslocado por uma deformação de 0,2% (0,002) [a intersecção da curva com uma linha paralela à linha elástica linear e é deslocada por uma deformação de 0,002] A tensão máxima (Fmax/Ao) é referida como a resistência à tração final (TS) e significa:

-1-   O fim do alongamento uniforme.

-2-   O início do estrangulamento localizado, ou seja, a instabilidade plástica.

Tensões e deformações reais:

- A tensão real (σ) utiliza a área instantânea ou real do provete num determinado ponto, em oposição à área original utilizada nos valores de engenharia

$$\sigma = \frac{F}{A} \qquad (Equation\ 8)$$

A deformação real (ε) é definida como o alongamento instantâneo por unidade de comprimento do provete

$$\varepsilon = \int_{L_O}^{L} \frac{dL}{L_O} = \ln\frac{L}{L_O} \qquad (Equation\ 9)$$

A relação entre os valores reais e os valores de engenharia é dada por:

$$\sigma = \sigma_e(1 + e) \qquad (Equation\ 10)$$

$$\varepsilon = \ln(1 + e) \qquad (Equation\ 11)$$

A partir da experiência, para um determinado valor da carga e do alongamento, a tensão verdadeira é superior à tensão Eng. enquanto a deformação verdadeira é menor do que a deformação Eng. deformação

A ductilidade é o grau de deformação plástica que um material pode suportar antes da fratura. Um material que sofre muito pouca ou nenhuma deformação plástica após a fratura é designado por frágil.

Em geral, as medições da ductilidade têm interesse de três formas:

1. Para indicar o grau em que um metal pode ser deformado sem fratura em operações de trabalho de metais, como a laminagem e a extrusão.

2. Indicar ao projetista, de uma forma geral, a capacidade do metal para fluir plasticamente antes da fratura.

3. Para servir como indicador de alterações no nível de impurezas ou nas condições de processamento. As medições da ductilidade podem ser especificadas para avaliar a qualidade do material, mesmo que não exista uma relação direta entre a medição da ductilidade e o desempenho em serviço.

A ductilidade pode ser expressa em termos de percentagem de alongamento (z) ou de percentagem de redução da área (q);

$$z = \%\Delta l = \left[\frac{(lf-lo)}{lo}\right] \times 100 \qquad \text{(Equation 12)}$$

$$q = \%RA = \left[\frac{(Ao-Af)}{Ao}\right] \times 100 \qquad \text{(Equation 13)}$$

A resiliência é a capacidade de um material absorver energia quando é deformado elasticamente.

A tenacidade é uma medida da energia necessária para provocar a fratura.

O coeficiente de Poisson é a contração lateral por unidade de largura dividida pela extensão longitudinal por unidade de comprimento.

Endurecimento por deformação:

J Na região plástica, a tensão real aumenta continuamente. Isto implica que o metal está a tornar-se mais forte à medida que a tensão aumenta. Daí o nome "endurecimento por deformação". A relação entre a tensão efectiva e a deformação efectiva, ou seja, a curva de fluxo, pode ser expressa utilizando a lei da potência:

$$\sigma = K\varepsilon^n \qquad\qquad \text{(Equation 14)}$$

Em que **K** é designado por coeficiente de resistência e **n por** expoente de endurecimento por deformação

A parte plástica da curva tensão-deformação verdadeira (ou curva tensão de escoamento) traçada numa escala logarítmica dá o valor n como o declive e o valor K como o valor da tensão verdadeira para uma deformação verdadeira de um.

$$\log \sigma = \log K + n \times \log \varepsilon \qquad\qquad \text{(Equation 15)}$$

Para os materiais que seguem a lei de potência, a deformação verdadeira na UTS é igual a n.

Ao traçar o gráfico log-log, são utilizados os pontos de dados após o ponto de cedência (para evitar pontos elásticos) e antes da instabilidade (estrangulamento). Um material que não apresenta qualquer endurecimento por deformação (n=0) é designado como perfeitamente plástico. Um material deste tipo apresentaria uma tensão de escoamento constante, independentemente da deformação. K pode ser encontrado a partir da interceção y ou substituindo n e um ponto de dados (da região plástica) na lei de potência.

3.1.5. Conceção e procedimento experimental

Para esta experiência, começamos por indicar o projeto experimental e, em seguida, o procedimento seguido.

3.1.5.1.   Identificação da composição

A composição de cada material é determinada utilizando o espetrómetro que se encontra na nossa oficina, uma vez que não funciona corretamente. O teste de faísca utilizando um moinho a uma velocidade de 25 m/s é utilizado para prever a estimativa aproximada da liga e o carbono nas três amostras de material é estimado da seguinte forma, utilizando os critérios do quadro seguinte e da figura

A Tabela 2* mostra a composição dos três provetes do ensaio de faísca [28], [29].

Critérios	*Aço de alta liga (HAS) M-2*	*Aço de baixo carbono (LCS) M-3*	*Aço macio (MS) M-1*
Volume do fluxo	pequeno	grande	grande
Comprimento relativo	0.6m	1.6m	1.4m

Cor na roda	vermelho	branco	palha
Cor no final	vermelho	branco	

M-1= material 1, M-2= material 2, M-3= material 3

M-1   M-2   M-3

A figura 16* mostra as faíscas de todos os provetes durante o ensaio

3.1.5.2.   *Conceção experimental*

3.1.5.2.1.   Factores, níveis e réplica

Esta é uma das partes experimentais que vão ser estudadas e, mais importante ainda, afecta as variáveis de resposta durante os ensaios experimentais das amostras seleccionadas. Assim, no presente documento, são considerados a taxa de deformação e o tipo de material. A taxa de deformação e o tipo de material A, B e C são apresentados no quadro 1 abaixo. Assim, os factores passam a ser 2 e os níveis são os indicados na tabela 1. E o número de observações tendo em conta a réplica é igual a 3*12 =36 e também indica que o número de experiências é realizado

Quadro 3 Matriz da experiência a realizar à temperatura ambiente

Taxa de deformação $(s)^1$	3.33×10^{-3}	$3{,}33 \times 10\,2^{-}$	3.33×10^1	0.33×10^1
Cruzeta (mm/min)	*10*	*100*	*1000*	*10000*
EM	*XXXX*	*XXXX*	*XXXX*	*XXXX*
HAS	*XXXX*	*XXXX*	*XXXX*	*XXXX*
LCS	*XXXX*	*XXXX*	*XXXX*	*XXXX*

MS = Aço macio, HAS = Aço de alta liga, LCS = Aço de baixo carbono

3.1.5.1.2.   Variáveis de saída dos factores

Os resultados ou as variáveis dependentes que são afectados pela alteração das variáveis independentes ou dos factores para este ensaio de tração são decididos pela declaração do problema e de acordo com a aplicação pretendida deste material selecionado dos três tipos acima referidos. E são mencionadas da seguinte forma:

-1-   0,2% tensão de cedência

-2-   Resistência (energia ou área sob a curva σ-ε)

-3-   Percentagem de alongamento (medida de ductilidade)

-4-   Redução da área (medida de ductilidade)

-5-   Curva tensão vs. deformação

3.1.5.3.   Procedimentos

Para esta investigação específica, o equipamento utilizado para ensaiar chapas metálicas de baixo carbono carregadas em tração é a máquina de ensaio universal electro-hidráulica computorizada, modelo WAW-600, grau de precisão 0,5, número de série 16259 e datum 08.11, com uma carga máxima gerada de 600kN e uma velocidade máxima de cruzamento de 10000mm/min e fabricada na China. A máquina de ensaio é indicada na figura abaixo e, de acordo com o tipo de carga, existem dois tipos de máquina de ensaio de tração

Máquina de ensaio com acionamento por parafuso: Durante a experiência, a taxa de alongamento é mantida constante.

Máquina de ensaio hidráulica: Mantém a taxa de carga constante. A taxa de carga pode ser definida em função do tempo desejado para a fratura.

Dos dois tipos, o utilizado para a presente experiência é a máquina de ensaio hidráulico, que está disponível na nossa oficina no Instituto de Tecnologia da Universidade de Adis Abeba (AAiT).

3.1.5.2.1.   Materiais utilizados

Os materiais a ensaiar são de três tipos em quantidade e todos são materiais de aço de baixo carbono.

Estes materiais são apresentados na figura abaixo, indicados pelos alfabetos A, B e C.

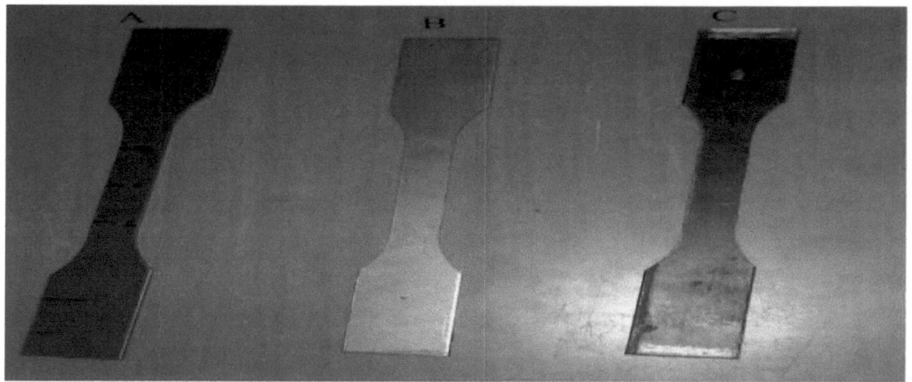

A figura 17 mostra os espécimes "dog bone" utilizados para os ensaios de tração

Antes do teste

1. Colocar marcas de medição no provete

2. Medir o comprimento e a largura iniciais do calibre, uma vez que o provete é uma placa

3. Selecionar uma escala de carga para deformar e fraturar o provete. Note-se que a resistência à tração do tipo de material utilizado tem de ser conhecida aproximadamente.

Durante o ensaio

1. Registar a carga máxima

2. Realizar o ensaio até à fratura.

Após o teste

1.   Medir o comprimento final da bitola e a largura. A largura e a espessura devem ser medidas a partir do pescoço.

the neck.

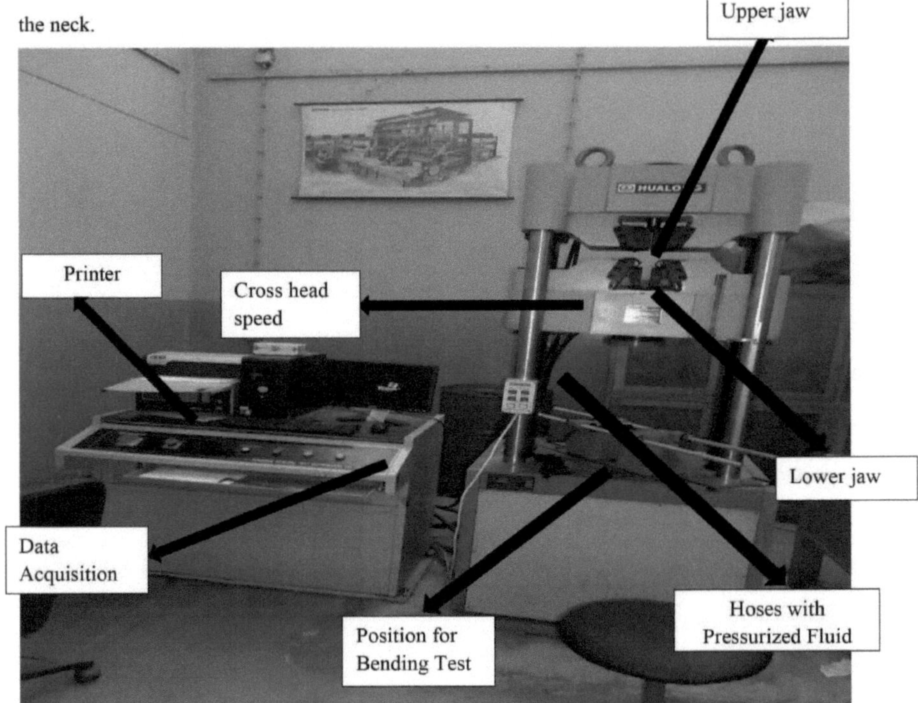

A figura 18 mostra o modelo da máquina de ensaio universal electro-hidráulica computorizada: WAW-600

3.2. Modelação por elementos finitos

3.3.1. Breve introdução ao modelo ABAQUS/CAE

O trabalho de simulação foi efectuado com recurso a um software comercial denominado ABAQUS/CAE, que é uma ferramenta de engenharia para programação utilizada para resolver vários tipos de problemas de engenharia, desde problemas lineares a problemas não lineares complexos. O software é utilizado em todo o mundo nas indústrias e também por académicos.

O Abaqus é um conjunto de poderosos programas de simulação de engenharia, baseado no método dos elementos finitos, que pode resolver problemas que vão desde análises lineares relativamente simples até às simulações não lineares mais exigentes. O Abaqus contém uma extensa biblioteca de elementos que podem modelar praticamente qualquer geometria. Possui uma lista igualmente extensa

44

de modelos de materiais que podem simular o comportamento da maioria dos materiais típicos de engenharia, incluindo metais, borracha, polímeros, compósitos, betão armado, espumas esmagáveis e resilientes e materiais geotécnicos, como solos e rochas. Concebido como uma ferramenta de simulação de uso geral, o Abaqus pode ser utilizado para estudar mais do que apenas problemas estruturais (tensão/deslocamento). Pode simular problemas em áreas tão diversas como a transferência de calor, a difusão de massa, a gestão térmica de componentes eléctricos (análises térmicas-eléctricas acopladas), a acústica, a mecânica dos solos (análises acopladas de fluido de poros e tensões) e a análise piezoeléctrica.

O ABAQUS/CAE permite que os modelos sejam resolvidos o mais rapidamente possível, através da simples imputação da geometria em investigação com as propriedades físicas e materiais correctas que lhe estão associadas, da criação de malhas, do carregamento e também da aplicação das condições de fronteira ao material a modelar [24].

O modelo de referência do subsistema do para-choques foi retirado de um dos modelos completos de automóveis FEM disponíveis no sítio Web da NHTSA e importado para o ambiente ABAQUS. O subsistema do para-choques foi isolado do modelo completo do automóvel e a restante massa da carroçaria foi substituída por uma massa fixa equivalente no centro de gravidade do automóvel, como se mostra na Figura 2. No ABAQUS, existem duas abordagens para analisar problemas de impacto: métodos padrão e explícito. Devido à natureza dos problemas de colisão, que envolvem questões de modelação muito grandes e críticas, tais como problemas de contacto tridimensionais, foi considerado o solucionador não linear Dynamic-Explicit. Foram aplicados diferentes modelos de materiais com base nas características dos materiais. No caso do aço, os dados dos materiais foram retirados diretamente do modelo original disponível e importados após a conversão para a relação tensão de cedência/deformação plástica, uma vez que o ABAQUS solicita dados de ensaios de materiais neste formato [13].

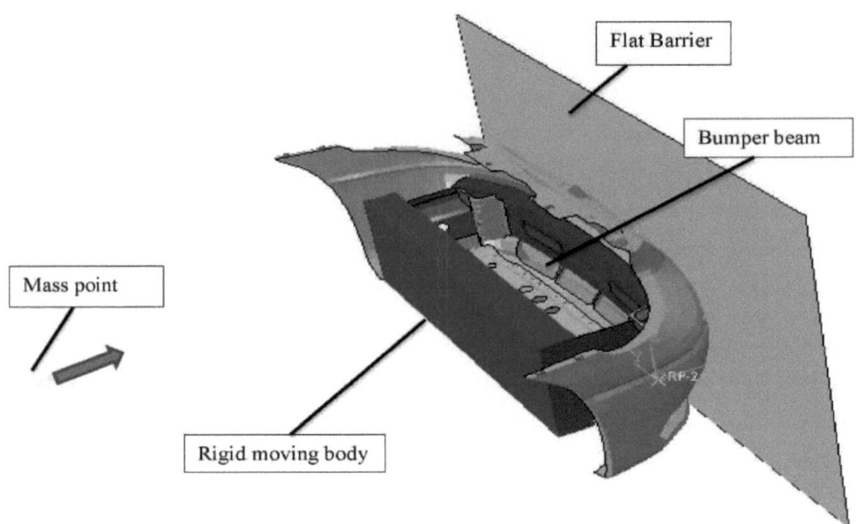

Figura 19: subsistema "para-choques" isolado do modelo de automóvel completo e massa fixa equivalente

3.3.2. Algoritmo de análise FEM

O fluxo do trabalho após a análise dos dados experimentais é mostrado a seguir

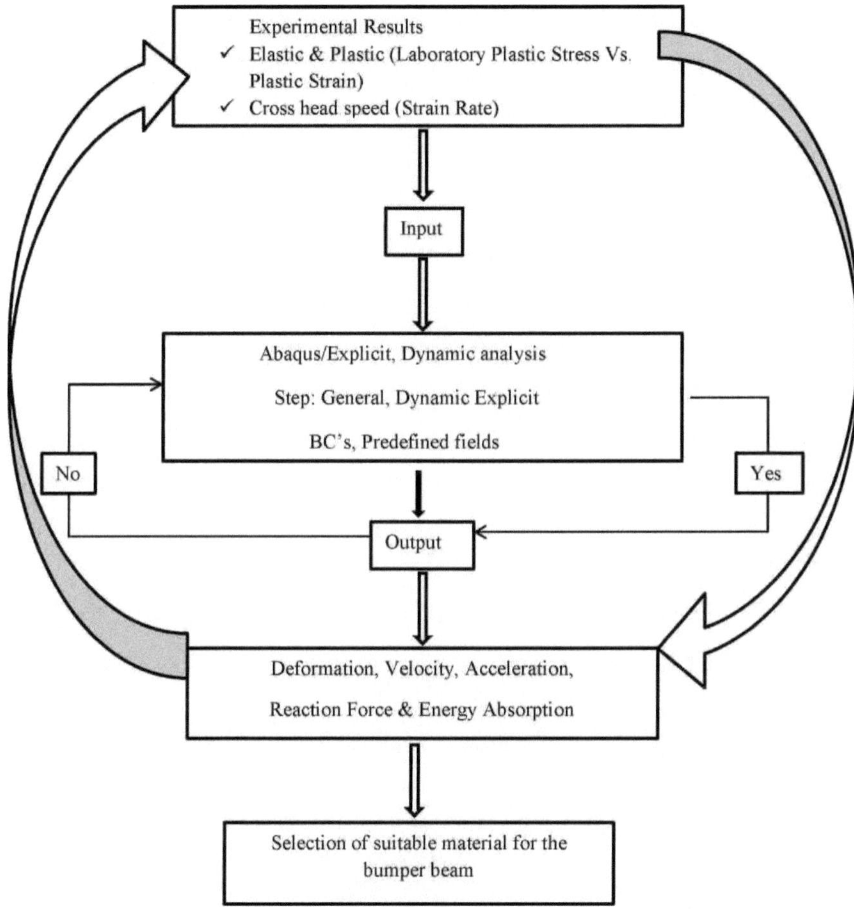

A Figura 20 mostra o algoritmo do modelo ABAQUS/CAE

3.3.3. Os processos de análise de impacto com ABAQUS/CAE

O pré-processamento e o pós-processamento, tal como acima referido, são apresentados na figura que se segue. Para esta investigação, são seguidos os seguintes passos para os dois processos

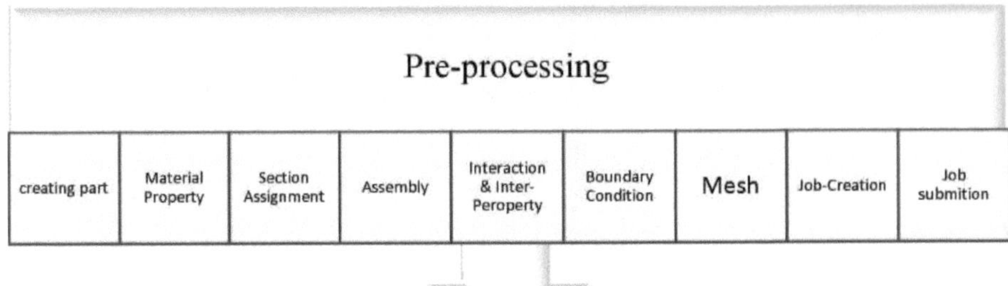

A figura 21 mostra os dois processos importantes seguidos para a análise do impacto a baixa velocidade

3.3.4. Entrada e saída do problema utilizando ABAQUS/Explicit

O algoritmo do software de Análise por Elementos Finitos (FEA) ABAQUS/CAE segue os dois processos seguintes: o primeiro é durante a atribuição das propriedades dos materiais e o segundo é o resultado final durante a visualização, que é o principal objetivo da FEA.

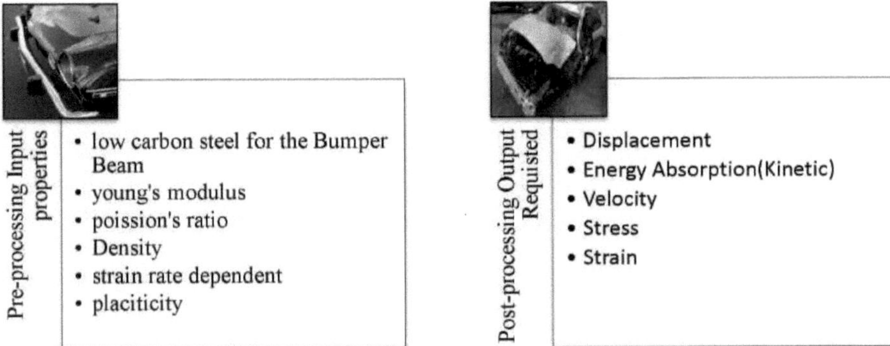

A Figura 22 mostra o algoritmo seguido para o FEA para obter a solução desejada para o problema

Pré-processamento

No pré-processamento, o espécime foi modelado e o ficheiro de entrada foi armazenado, o que é ilustrado pelos seguintes passos.

Criar a peça

As peças para esta investigação são as vigas de para-choques de veículos automóveis criadas no software Catia e fabricadas por um dos métodos de fabrico de vigas de para-choques indicados na revisão da literatura. São rectangulares e em concha para ter em conta a espessura e estão representadas na figura abaixo.

A Figura 23 mostra o trabalho da peça 3D da viga do para-choques

A figura 24 mostra o corpo rígido que representa o peso total do automóvel

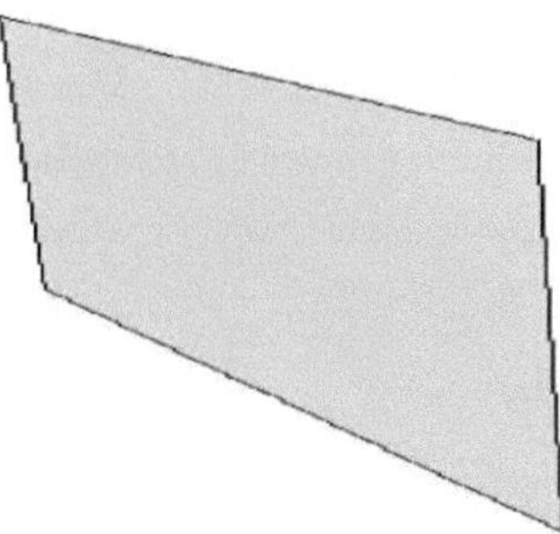

A figura 25 mostra a barreira rígida que substitui outro veículo ou parede rígida

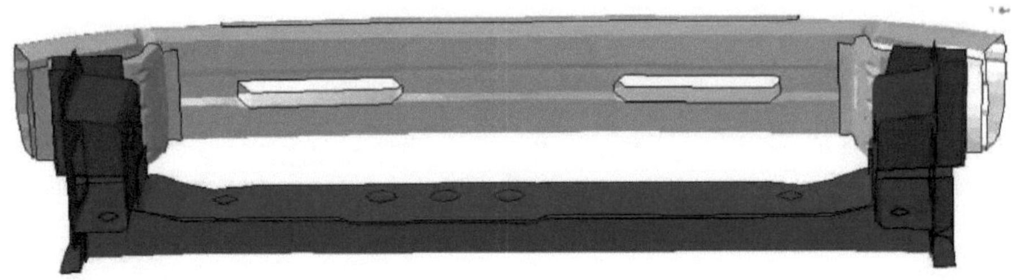

A figura 26 mostra a viga do para-choques, o suporte do sistema de arrefecimento e as calhas

Seleção de bens

Cada região do corpo deformável deve referir-se a uma propriedade de secção que deve incluir a definição do material. Ao definir a secção, o módulo jovem, a relação de poisso e a tensão de cedência foram atribuídos à peça.

Para esta investigação, as propriedades são adicionadas a partir das respostas dos provetes após a realização do ensaio. As seguintes propriedades da tabela são utilizadas como entrada para o ABAQUS/CAE.

Esta parte do módulo de materiais e propriedades inclui a seguinte caraterística importante:

S Geral

S Mecânica e

S Outros

As propriedades como a elasticidade, a placticidade, a dependência da taxa e vários modelos de materiais estão incluídos na opção mecânica. O mais importante neste artigo é a propriedade mecânica utilizada como entrada e, durante a visualização na janela de visualização, ver o resultado para analisar o efeito.

Definição do comportamento elástico linear dos materiais

A tensão total é definida a partir da deformação elástica total como:

$$\sigma = D^{el}\varepsilon^{el} \qquad\qquad \text{Equation 16}$$

onde é a tensão total ("verdadeira" ou tensão de Cauchy em problemas de deformação finita), é o tensor de elasticidade de quarta ordem e é a deformação elástica total (log deformação em problemas de deformação finita). Não utilize a definição de material elástico linear quando as deformações elásticas podem tornar-se grandes; em vez disso, utilize um modelo hiperelástico. Mesmo em problemas de deformação finita, as deformações elásticas devem ser pequenas (menos de 5%).

Dependência direcional da elasticidade linear

Dependendo do número de planos de simetria para as propriedades elásticas, um material pode ser classificado como isotrópico (um número infinito de planos de simetria passando por cada ponto) ou anisotrópico (sem planos de simetria). Alguns materiais têm um número restrito de planos de simetria que passam por todos os pontos; por exemplo, os materiais ortotrópicos têm dois planos de simetria ortogonais para as propriedades elásticas. O número de componentes independentes do tensor de elasticidade depende dessas propriedades de simetria. A forma mais simples de elasticidade linear é o caso isotrópico, e a relação tensão-deformação é dada no Apêndice F.

As propriedades elásticas são completamente definidas dando o módulo de Young, **E**, e o coeficiente de Poisson, v. O módulo de cisalhamento, **G**, pode ser expresso em termos de **E** e v como $G = E/[2(1 + v)]$. Estes parâmetros podem ser dados como funções da temperatura e de outros campos pré-definidos, se necessário.

Criar um conjunto

A montagem contém toda a geometria incluída no modelo de elementos finitos. A montagem está inicialmente vazia, mesmo que já tenha sido criado um módulo de peça. Por isso, é necessário criar uma instância da peça no módulo de montagem para incluir o modelo. A montagem final do sistema de vigas de para-choques, que está na sua posição inicial, é apresentada na figura seguinte.

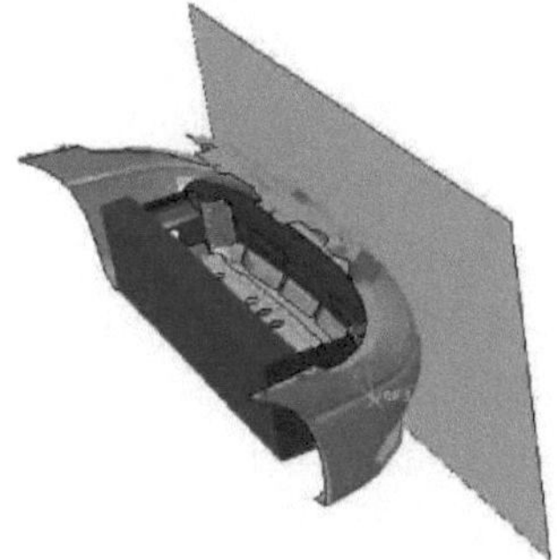

A figura 27 mostra a montagem das peças e a sua posição inicial

Etapa

No módulo do passo, foram definidos o passo de análise e o requisito de saída, uma vez que a interação, a carga e a condição de fronteira podem depender do passo. Assim, o passo de análise tem de ser definido antes de estes poderem ser especificados. Para a simulação, são definidos os módulos General e Dynamic.explicit.

Interação

O módulo de interação é uma parte muito importante da análise de elementos finitos quando dois ou mais objectos estão em contacto. Para este estudo, a viga do para-choques e a parede rígida são modeladas e as propriedades de interação são definidas para o comportamento tangencial de contacto rígido sem atrito e para o comportamento normal de contacto rígido rugoso (separável). A primeira é definida para a interação do corpo rígido e da viga do para-choques com a caixa de esmagamento e os carris. E o segundo é definido para a interação do subsistema do para-choques com a barreira rígida, que, neste estudo, representa talvez outro veículo ou simplesmente uma parede. A propriedade de contacto é apresentada na figura seguinte:

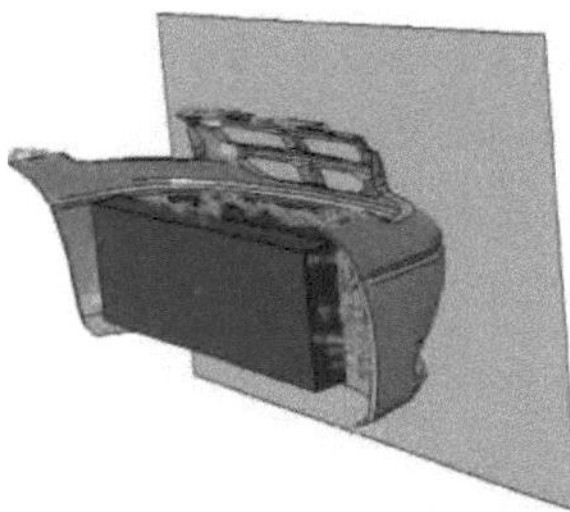

A figura 28 mostra a definição da propriedade de interação e da propriedade de contacto

Condição de fronteira e carga

Para este modelo, uma vez que existem duas etapas, aplicamos BC's para cada etapa: a etapa acelerada e a etapa de esmagamento. Aqui, o plano de impacto é fixado inicialmente com o Encater e o sistema de vigas de para-choques dá uma velocidade para ambas as etapas, acelerada e de esmagamento, mas inativa no caso da etapa de esmagamento, para criar espaço para o movimento. A velocidade está na direção do impacto e é a que se mostra na figura seguinte. Uma vez que este estudo envolve ensaios experimentais de tração em que o resultado é utilizado como entrada para esta FEA, é necessário um campo de saída predefinido no módulo BC ou no módulo de carga. Entre estes campos predefinidos, o da temperatura, uma vez que, pelo menos, o ensaio experimental é efectuado à temperatura ambiente 300° c é dado como temperatura inicial.

A figura 29 mostra a velocidade inicial de 1,11 m/s na direção do impacto

Malha

Este é o módulo utilizado para criar a malha de elementos finitos, em que se utiliza a biblioteca de elementos explícita e a família shell e a ordem geométrica de integração linear e reduzida Quad, e o tipo de elemento S4R é utilizado para todo o sistema de para-choques e Quad é a forma do elemento. Aqui, a barreira rígida ou a parede é definida analiticamente, pelo que a sua semente durante a criação da malha é grande.

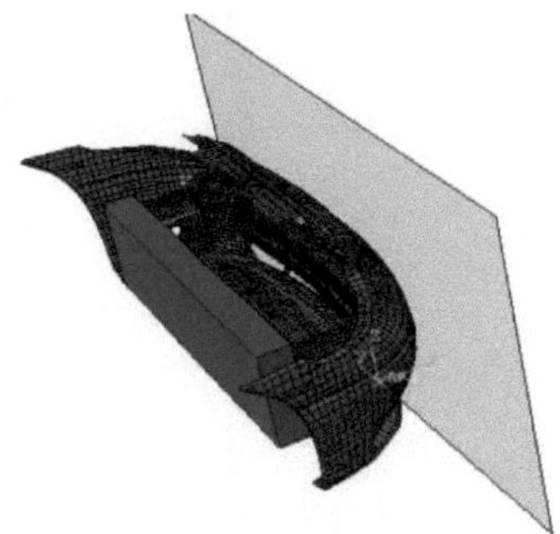

A figura 30 mostra a malha de montagem

Simulação

A etapa final do pré-processamento é efectuada através da criação de uma tarefa. Quando todos os parâmetros envolvidos no modelo estiverem preenchidos no módulo de trabalho, seleccionamos submeter, para submeter o trabalho a análise. Enquanto está a ser executado, podemos monitorizar a análise observando as diferentes mensagens nas janelas do monitor, como o erro, o número de fotogramas e, mais importante, o aviso para os eliminar.

Pós-processamento

No pós-processamento, o módulo de visualização é utilizado para visualizar os resultados da distribuição de tensões e deformações.

CAPÍTULO 4

4. Resultados e discussão

4.1. Resultados experimentais

Na figura 30, abaixo, observa-se que a tensão real aumenta com o aumento da taxa de deformação para o mesmo material, neste caso o aço de baixo carbono, que é o terceiro material a ser investigado. Além disso, o aumento percentual da tensão real máxima será de quase 12,5% para as duas primeiras velocidades e quase o mesmo para as outras duas, ou seja, 14,88% e 14,81%.

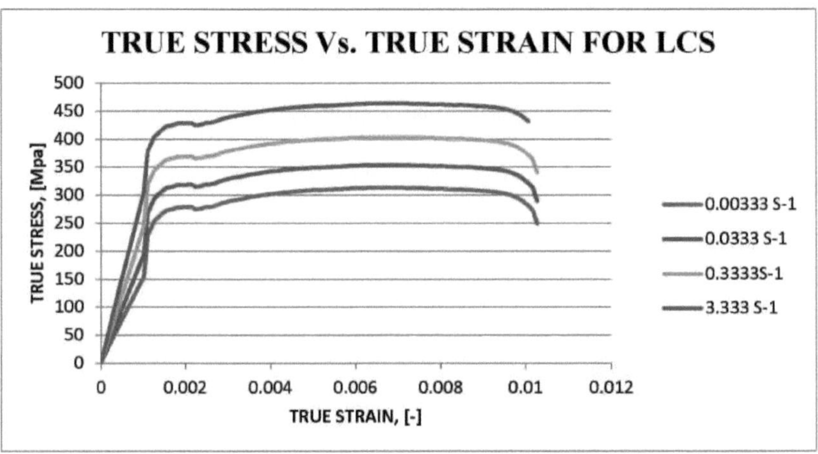

LCS = Aço de baixo carbono

Figure 31 mostra a tensão verdadeira vs. deformação verdadeira a diferentes taxas de deformação para o aço-3

O resultado do ensaio do material dois é apresentado na figura? como tensão verdadeira Vs. deformação verdadeira. Neste caso, o aumento percentual da tensão verdadeira é idêntico ao do material um, uma vez que a deformação verdadeira aumenta nos quatro intervalos de taxa de deformação, mas verifica-se um ligeiro aumento da percentagem de aumento para o material dois aqui considerado, no qual se observa um aumento de 22,65% nas duas primeiras curvas.

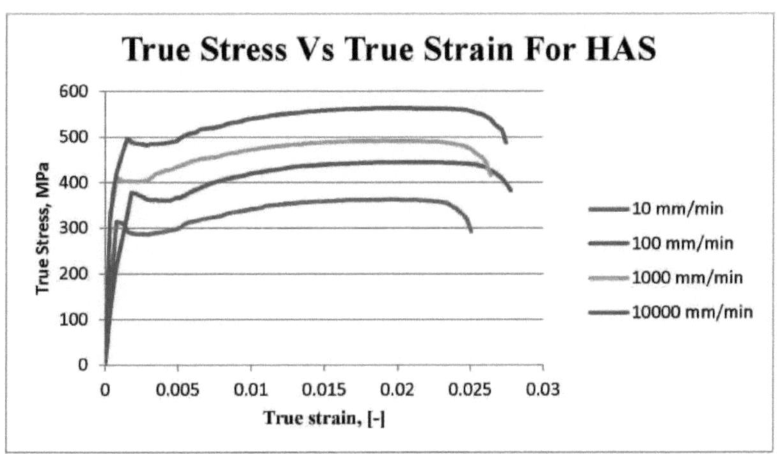

HAS = Aço com alto teor de carbono

Figure 32   mostra a tensão verdadeira vs. deformação verdadeira a diferentes taxas de deformação para o aço-2

A figura abaixo ilustra a tensão verdadeira vs. deformação verdadeira para o material um, mas aqui, ao contrário dos dois, o aumento da tensão verdadeira é menor em comparação com os resultados do ensaio de dois materiais, tal como referido anteriormente, e é de 6% para as duas primeiras taxas de deformação.

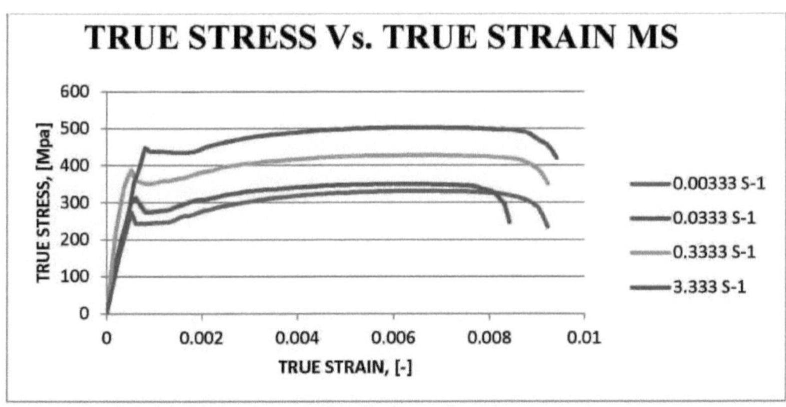

Figure 33   mostram a tensão verdadeira versus a deformação verdadeira a diferentes taxas de deformação para o aço-1, MS= Aço macio

A taxa de deformação mais baixa adoptada para este estudo é de 0,00333 s^{-1} . De acordo com o gráfico apresentado abaixo, o material-2 tem melhores características e apresenta a tensão de cedência máxima e a resistência à tração máxima.

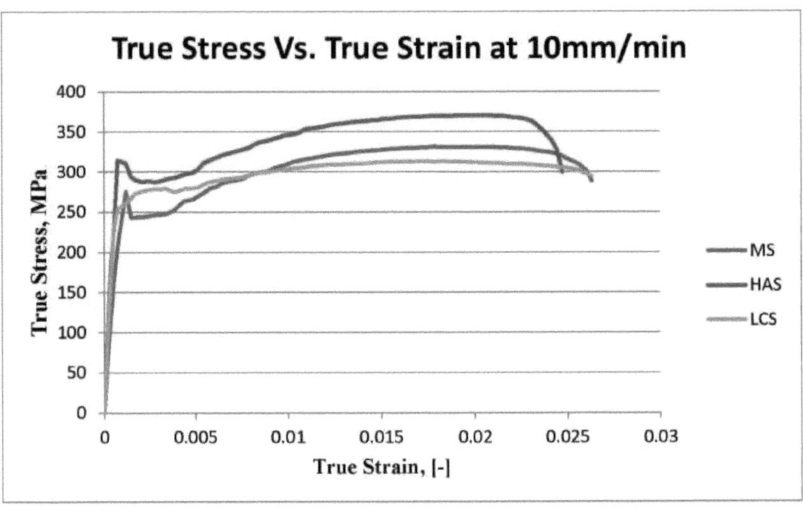

A Figura 34 mostra a tensão verdadeira versus a deformação verdadeira para os três materiais a 0,00333 S^{-1} taxa de deformação

As figuras de 34 a 36 indicam a relação entre a tensão verdadeira e a deformação verdadeira, que são os resultados experimentais do ensaio de tração com diferentes velocidades da cabeça cruzada de 100, 1000 e 10000 mm/min. De todas as curvas de tensão verdadeira versus deformação verdadeira indicadas abaixo, o material-2 tem a máxima resistência final verdadeira, bem como a máxima tensão de cedência para todas as taxas de deformação utilizadas durante o ensaio de tração.

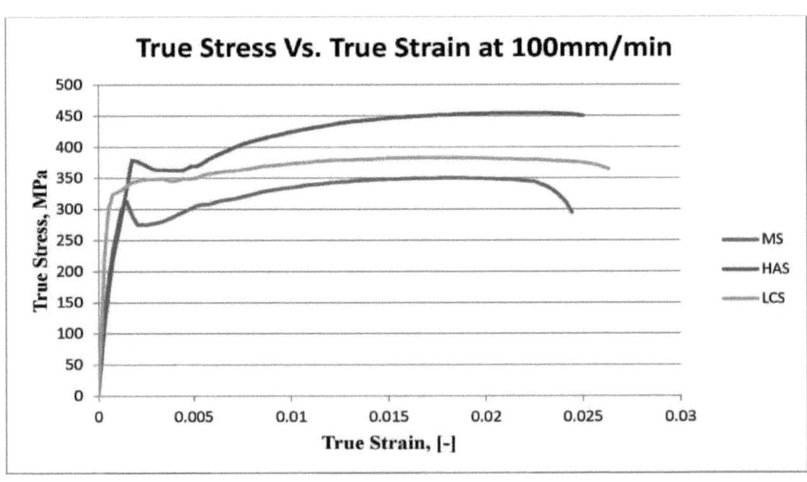

Figure 35   mostra a tensão verdadeira versus a deformação verdadeira para os três materiais a 0,0333 S⁻¹ taxa de deformação

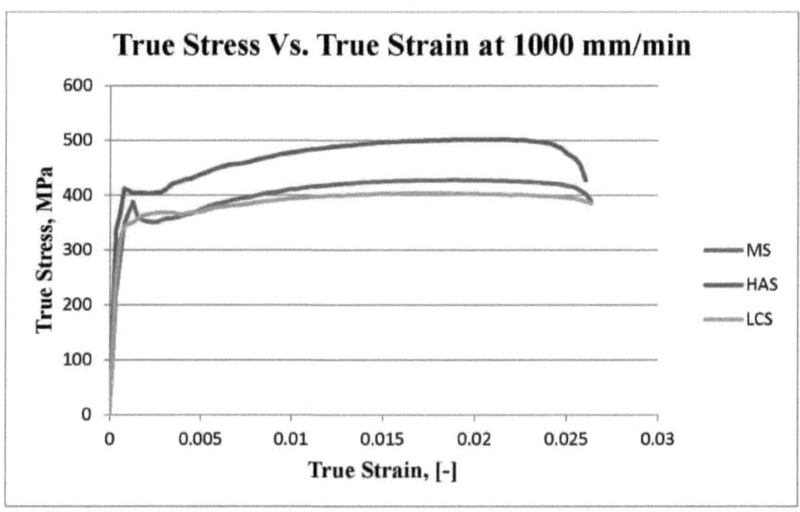

Figure 36   mostra a tensão verdadeira versus a deformação verdadeira para os três materiais a taxas de deformação de 0,333 S⁻¹

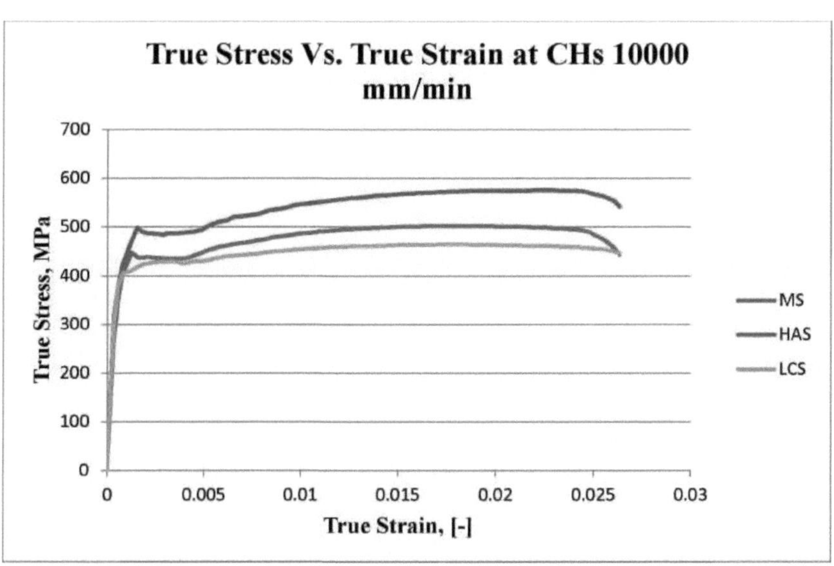

mostra a tensão verdadeira versus a deformação verdadeira para os três materiais a 3,33 S⁻¹ taxa de deformação

A tensão final média dos três materiais é mostrada abaixo para avaliar qual dos três materiais tem a melhor MUTS e o desvio padrão dos materiais em investigação. O resultado mostra que o material dois tem a melhor MUTS e também a partir deste resultado observa-se que, à medida que a taxa de deformação aumenta, a resistência UTS aumenta progressivamente e a barra de erro para cada

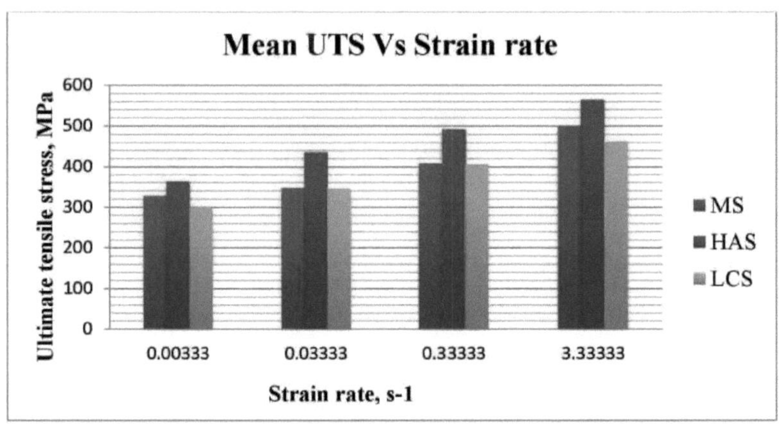

MS= Aço macio, HAS= Aço de alta liga, LCS= Aço de baixo carbono

Figure 37   mostra a média de UTS vs taxa de deformação para os três materiais de aço da amostra

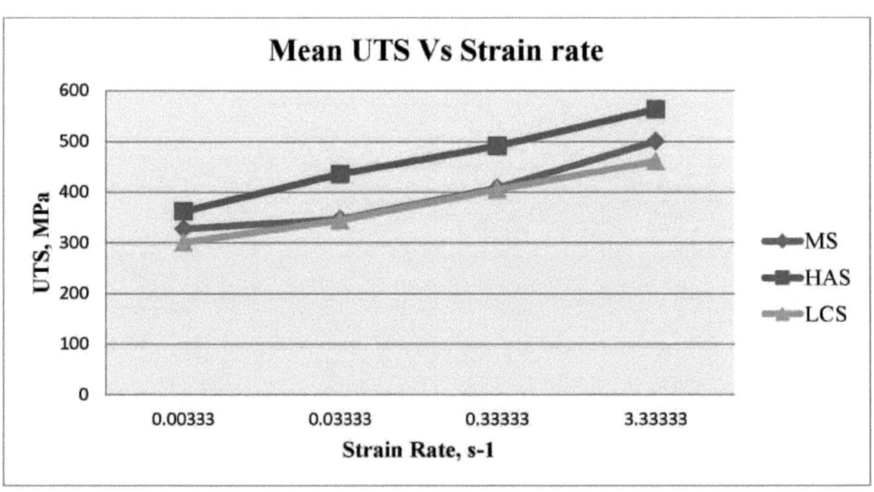

Figure 38   mostram UTS vs taxa de deformação para os três materiais a quatro taxas de deformação diferentes

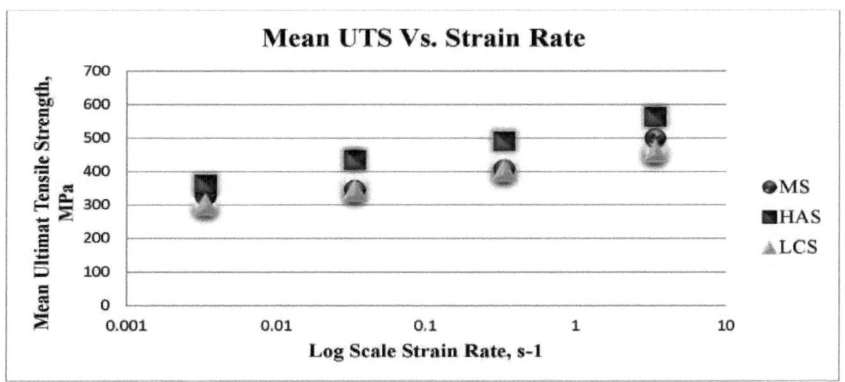

Figure 39   mostra o UTS médio vs taxa de deformação para os três materiais

4.2. Resultado da análise explícita FEM/ABAQUS/CAE/-

4.2.1. Simulação de espécimes de ossos de cão

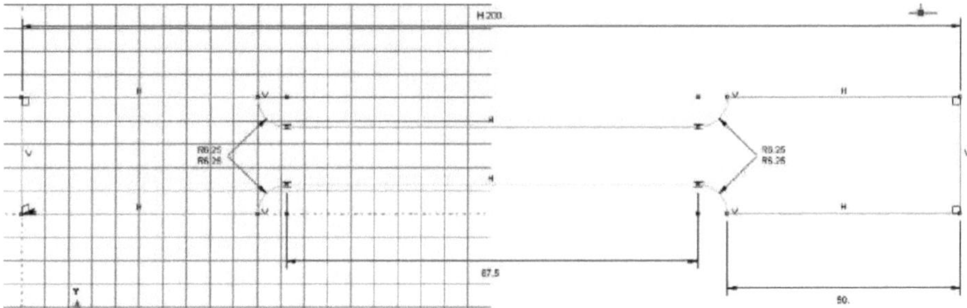

Figura 40 Esboço 2D do provete ABAQUS/CAE

4.2.2. Geometria 3D do espécime

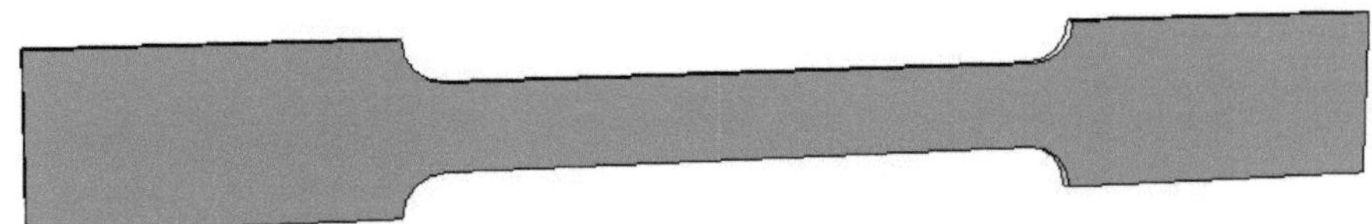

Figura 41 Modelo do provete extrudido com 2 mm de espessura no ABAQUS/CAE

4.2.3. Malha de espécimes no código ABAQUS

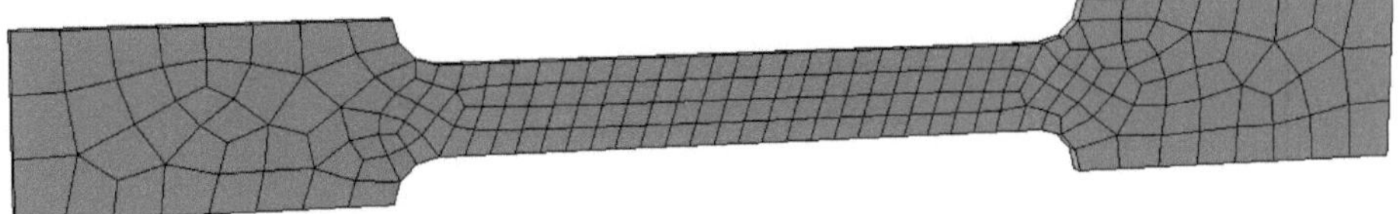

Figura 42: o provete com uma malha fina ao longo do comprimento da bitola onde são efectuadas as medições durante o ensaio de tração

4.2.4 Resultado do ensaio com diferentes taxas de carga

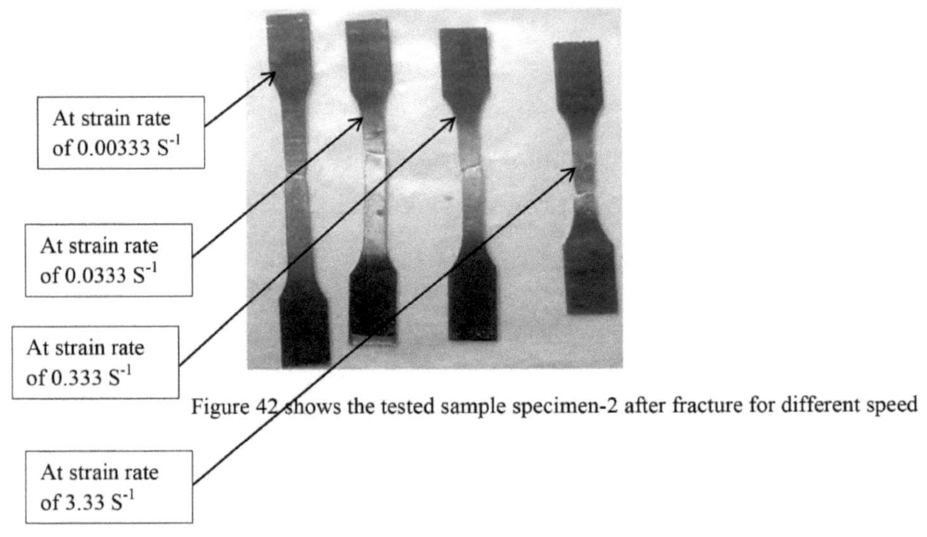

Figure 42 shows the tested sample specimen-2 after fracture for different speed

4.2.5 Resultados do ensaio de três espécimes com a mesma velocidade

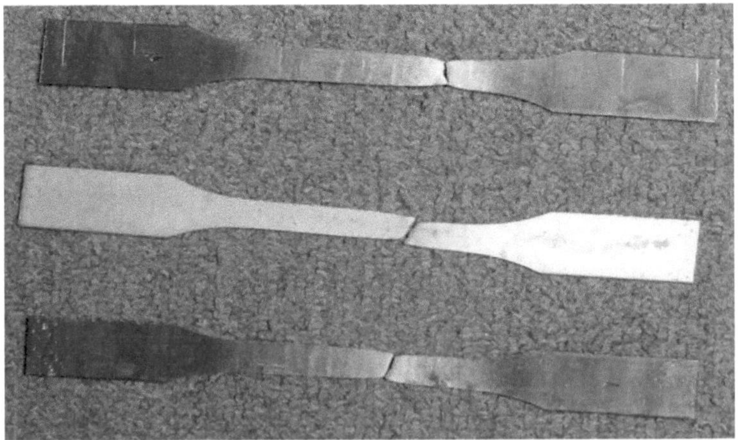

Figura 43 Exemplo de resultado de ensaio para os três materiais à mesma taxa de deformação.

4.2.4. Contra-plotagem dos resultados

4.2.4.1. Tensão de Von Misses

Figure 43   mostra o resultado do gráfico do contador de tensões de Von misses do módulo ABAQUS Visualization

4.2.4.2. Deslocação

Figure 44   mostra o gráfico do contador de corte deslocado para a deslocação

4.2.4.3. A deformação ou o contador de deformações

A figura 45 mostra o gráfico do coeficiente de deformação para o provete

4.2.2. O subsistema "para-choques" Resultado do ABAQUS/CAE

4.2.2.1. Velocidade

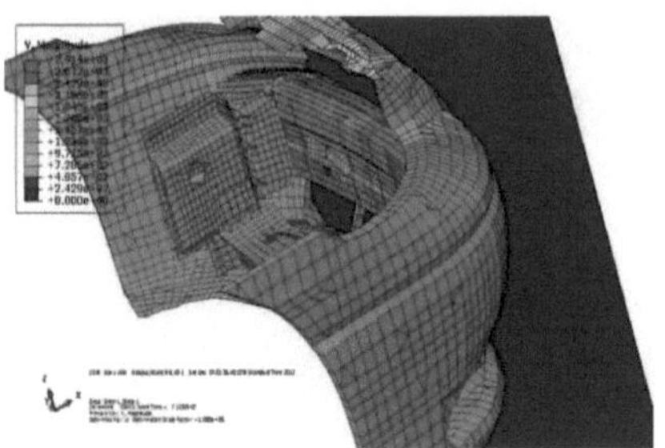

4.2.2.2. Magnitude do deslocamento

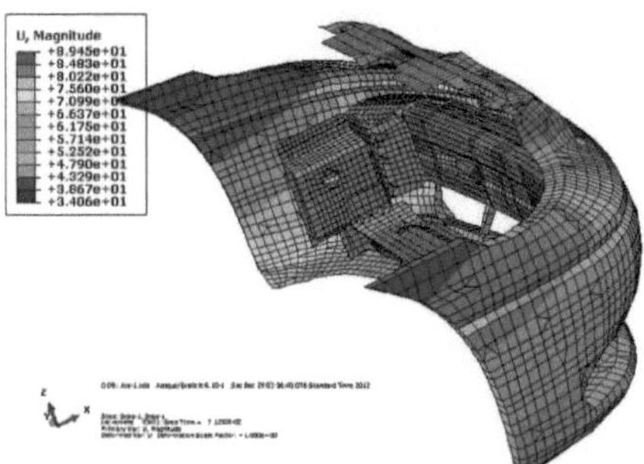

A figura 46 mostra o gráfico do contador da velocidade e do deslocamento para todo o sistema de para-choques

4.2.2.3. Deslocamento da viga do para-choques

A figura 47 mostra o contador de deslocamentos para a viga do para-choques e a espuma

4.2.2.4. O Gráfico de Deslocamento do Módulo de Visualização ABAQUS/CAE

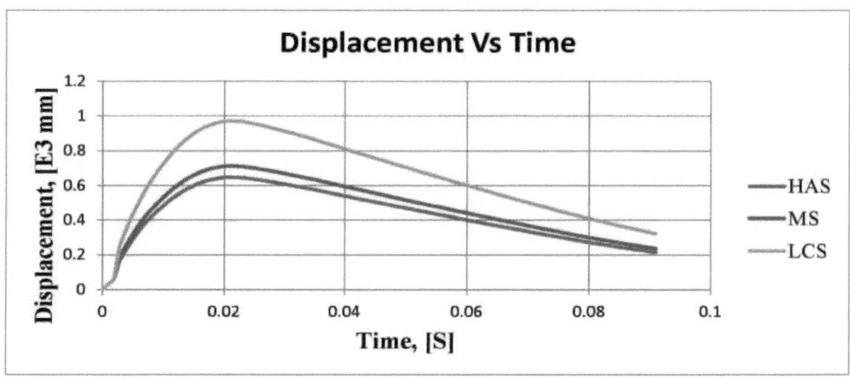

Figura 48: Deslocamento em função do tempo para o subsistema "para-choques" para os três materiais de aço

A figura 47 mostra uma comparação do historial do deslocamento entre os três materiais considerados para os para-choques. Este deslocamento dá uma medida do movimento de interferência do subsistema do para-choques no compartimento do motor. O deslocamento relatado é medido no centro de gravidade do veículo para ter em conta a resposta global do veículo devido aos materiais e às diferentes variações da taxa de deformação na viga do para-choques. Os deslocamentos máximo e mínimo ocorreram no caso da viga do para-choques de aço do material três e de aço do material dois, respetivamente. As soluções do material dois apresentam uma deformação mínima.

Finalmente, a figura 7 mostra o diagrama temporal da energia de deformação absorvida pelo para-choques nas três soluções de materiais consideradas. Pode observar-se que o valor mais elevado de energia de deformação para cada tipo de material ocorreu na deformação mais elevada. O para-choques esticar-se-á e deformar-se-á até ao máximo se a colisão continuar a ocorrer. Se a energia se transformar em energia zero, a colisão tornar-se-á elástica, mas, de acordo com a Figura 7, continua a existir uma pequena energia de deformação. Este facto pode ser explicado principalmente pela deformação plástica do absorvedor de energia e, de certa forma, pela viga do para-choques com o material dois na energia máxima.

4.2.2.5. O gráfico de tensão-energia da visualização ABAQUS/CAE

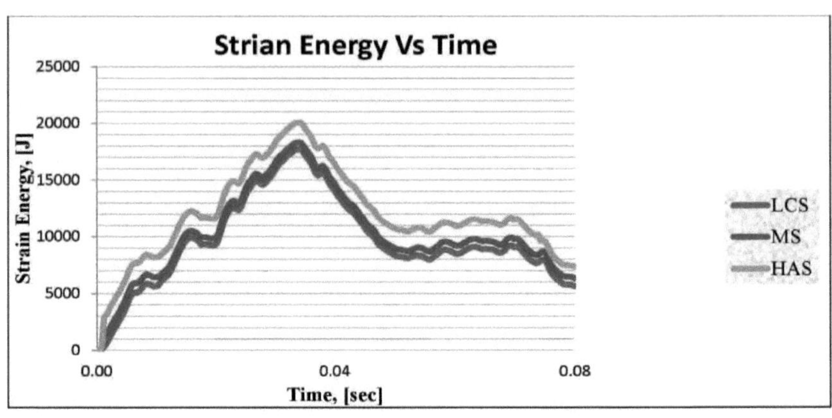

A figura 49 mostra a energia de deformação em função do tempo para as três amostras de material de aço

CAPÍTULO 5

5. Conclusão e recomendação

5.1. Conclusão

Neste estudo, foram avaliados três materiais diferentes - nomeadamente aços de baixo carbono (mat-1, mat-2 e mat-3) - para a viga do para-choques, a fim de compreender o efeito da taxa de deformação no comportamento de colisão de um automóvel durante o ensaio de colisão frontal a baixa velocidade efectuado com 36 amostras de ensaio na experiência para tensão a diferentes taxas de deformação e os dados utilizados como entrada para a simulação numérica com o código ABAQUS.

Para estudar o material de aço para vigas de para-choques, são considerados dois factores diferentes: a taxa de deformação e o tipo de material.

Quando os materiais são testados sob diferentes taxas de deformação para os seus comportamentos mecânicos, como a tensão de cedência e a resistência à tração final, observa-se que tanto a tensão de cedência como a UTS média do material apresentam uma resposta positiva com a taxa de deformação; à medida que a taxa de deformação aumenta, a tensão de cedência média e a UTS média aumentam. E o material dois mostra um aumento de 20% na sua UTS e de 14% na sua tensão de cedência quando comparado com os outros dois materiais de aço. Assim, a partir dos resultados experimentais, o material 2 melhora a resistência ao choque e apresenta melhores respostas mecânicas para essa aplicação em relação aos outros dois materiais em investigação.

Por outro lado, a partir do MEF, os resultados do ABAQUS/CAE, o deslocamento e a energia de deformação são representados em função do tempo durante o impacto a baixa velocidade do subsistema do para-choques para os três aços de baixo carbono. O material-2 absorve mais energia e apresenta baixa deformação ou tem o deslocamento mínimo quando aplicado com carga dinâmica e, a partir daí, para esta taxa de deformação quase estática, o material-2 tem o melhor comportamento mecânico em comparação com os outros dois materiais de aço para este impacto a baixa velocidade.

5.2. Recomendação

Neste documento, há diferentes trabalhos que não são considerados e recomendados para a tarefa futura, como se segue:

A A máquina de ensaio universal é melhor se for calibrada antes de testar os espécimes de amostra

A É preferível considerar a espessura como um fator e estudar o seu efeito no peso do veículo, na absorção de energia e no consumo de combustível da viga do para-choques

Deve ser dado destaque ao efeito da taxa de deformação nos materiais de aço em comparação com os materiais compósitos.

A É preferível que o efeito da taxa de deformação tanto no aço, o material de referência, como nos materiais compósitos seja efectuado nos futuros estudos relacionados com a resistência ao choque dos automóveis

A substituição de materiais é uma outra investigação atualmente em curso na indústria da automação, com materiais de referência como o aço com compósitos

A Otimização da espessura utilizando materiais compósitos considerando a mesma rigidez que os materiais de referência

A carga dinâmica para colisões a média e alta velocidade sob taxas de deformação médias e elevadas, utilizando métodos experimentais e numéricos, deve ser tida em grande consideração

A O autor recomenda ainda que, durante a conceção das vigas para para-choques, seja preferível considerar diferentes perfis de secção transversal para uma melhor aplicação da resistência ao choque

A A análise do efeito da elevada taxa de deformação e da elevada temperatura no impacto dinâmico do subsistema para-choques do veículo utilizando o modelo de material Johnson-Cook deve ser objeto de maior atenção

Referência

[1]   . A, S.D., 1999. Sistemas de para-choques de aço para automóveis de passageiros e camiões ligeiros. *Série de documentos técnicos da Sae.*

[2]   . Instituto Americano do Ferro e do Aço, 2006. *Sistema de para-choques de aço para veículos de passageiros e veículos ligeiros sobre carris.* Relatório. Southfield, Michigan 48075: Instituto Americano do Ferro e do Aço Instituto Americano do Ferro e do Aço.

[3]   . Instituto Americano do Ferro e do Aço, 2006. *Sistemas de para-choques de aço para automóveis de passageiros e camiões ligeiros.* Relatório. Instituto Americano do Ferro e do Aço.

[4]   . Associação, E.A., 2011. *Estudo de caso: Sistema de gestão de colisões (CMS).* Estudo de caso. Associação Europeia do Alumínio.

[5]   . Aziz, M.A.B.A., 2006. *Otimização da rigidez e da resistência no projeto de vigas para para-choques.* Bacharelato. Universidade de Tecnologia da Malásia.

[6]   . Calienciug, A. & Radu, G.N., 2012. DESIGN E SIMULAÇÃO DE COLISÃO FEA PARA UM PÁRA-CHOQUES DE CARRO COMPOSTO. *Boletim da Universidade Transilvânia de Braşov,* 5(54), pp.1-12.

[7]   . Chia, C.W. et al., 2007. Efeito inverso da taxa de deformação no comportamento mecânico e na transformação de fase do aço inoxidável superaustenítico. *Scripta Materialia,* pp.717-20.

[8]   . Coffey, C.S. & DeVost, V.F., 1986. Máquinas de impacto de peso em queda: uma revisão dos progressos recentes. Em Ramesh, K.T., ed. JANNAF Propulsion Systems Subcommittee Meeting. *JANNAF Propulsion Systems Hazards Subcommittee Meeting,* 1986. CPIA Publ.

[9]   . Conselho, A.C., 2010-2013. *Plástico automóvel.* [Em linha] (2) Disponível em:

http://www.plastics-car.com/bumpers [Acedido em 29 de janeiro de 2013].

[10]   . Fiat, R., 2004. *The Research Requirment of the Transport Sector to Facilitate an Increased Usage of Composite Materials (As Necessidades de Investigação do Sector dos Transportes para Facilitar uma Maior Utilização de Materiais Compósitos).* [Em linha] (Parte II) Disponível em: www.compositn.net [Acedido em 10 Dez 2012].

[11]   . Field, J.E., 2004. Revisão de técnicas experimentais para estudos de deformação e choque de alta velocidade. *Int. J.Imp. Eng,* (30), p.725-775.

[12]   . Hambali, A., Rabiatul, A.R., Rahim, A. & Taufik, 2012. Otimização do projeto da viga do para-choque automotivo por meio da análise de absorção de energia. *Revista Internacional de Engenharia e Ciência,* III(2086-3799), pp.20-27.

[13] . Koricho, E.G., Martorana, B. & Belingardi, G., 2011. Otimização do design e implementação de materiais termoplásticos compósitos e recicláveis para para-choques de automóveis. Em Koricho, Belingardi & Martorana, eds. *Quinta Conferência Internacional sobre Métodos Computacionais Avançados em Engenharia (ACOMEN 2011)*. Liege, 2011. Universidade de Liège.

[14] . Luecke , E. et al., 2005. *Federal Building and Fire Safety Investigation of the World Trade Center Disaster Mechanical Properties of Structural Steels (Investigação Federal sobre Segurança de Edifícios e Incêndios da Catástrofe do World Trade Center - Propriedades Mecânicas dos Aços Estruturais)*. For Public Comment. Washington, DC: U.S. Department of Commerce Carlos M. Gutierrez, Secretário do Instituto Nacional de Normas e Tecnologia.

[15] . M. VURAL, D. RITTEL & G. RAVICHANDRAN, 2003. Comportamento mecânico de grandes deformações do aço 1018 laminado a frio numa vasta gama de taxas de deformação. *METALLURGICAL AND MATERIALS TRANSACTIONS*, 34A(A), pp.2873-85.

[16] . Malequ, M.A., Sapuan, S.M. & Suddin, N., 2012. Efeito das costelas reforçadas na viga de para-choques híbrida endurecida Kenaf / Glass Epoxy Composite. *Life Science Journal*, 9(1), pp.210-13.

[17] . martins, J., 2009. *Wikipédia, a enciclopédia livre*. [Em linha] (Último) Disponível em: http://en.wikipedia.org/wiki/Bumper(automobile) [Acedido em 24 de dezembro de 2012].

[18] . R. R. Balokhonov, S. Schmauder & V. A. Romanova, 2009. Simulações de elementos finitos e diferenças finitas do comportamento mecânico de aços austeníticos a diferentes taxas de deformação e temperaturas. *ELSEIVER*, II(41), p.1277-1287.

[19] . Ramon-Villalonga, L. & Enderich, T., 2007. *Técnicas de Simulação Avançada para Impactos de Veículos a Baixa Velocidade*. LS-DYNA Anwenderforum. Russelsheim: Adam Opel GmbH Frankenthal.

[20] . Rao.N.R, M.Lohrmann & L.Tall, 1996. Effect of Strain Rate on the Yield Stress of Structural Steels (Efeito da taxa de deformação na tensão de cedência dos aços estruturais). *Journal of Materials*, II(1), pp.241-61.

[21] . Ravi Shriram Yatnalkar, B.E. , 2010. *Investigação Experimental da Deformação Plástica do Ti-6Al-4V sob Várias Condições de Carregamento*. Mestrado. Ohio: Universidade Estadual de Ohio Universidade Estadual de Ohio.

[22] . SHAH , Q., 2006. STRAIN RATE EFFECT ON THE FAILURE STRAIN AND HARDNESS OF METALLIC ARMOR PLATES SUBJECTED TO HIGH VELOCITY PROJECTILE IMPACT. *Journal of Engineering Science and Technology*, I(1), pp.166- 175.

[23]   . Sierakowski, R., 1997. *COMPORTAMENTO DE TAXA DE DEFORMAÇÃO DE METAIS E COMPÓSITOS*. Dissertação de Mestrado. Ohio USA: IGF - Cassino 27 e 28 Maggio, 1997 The Ohio State University.

[24]   Simulia,   D.S., 2010.   *Análise AbaqusManual do utilizador   Manual*. 1ªed   .   Chicago: Simulia

Empresa de software.

[25]   Springer,   2008.   Experimentos de   alta taxa de de   formação e   impacto   .   K.T. Ramesh, ed.

Springer Handbookof   ExperimentalSolidMechanics.   IIIed   . New York:

W.N.Sharpe,Jr. pp.1-29.

[26]   . Thompson, A.C., 2006. *Caracterização de aços avançados de alta resistência a altas taxas de deformação*. Dissertação de Mestrado. Ontário: Universidade de Waterloo Universidade de Waterloo.

[27]   . Woei, S.L. & Tzay, T.S., 1997. Propriedades mecânicas e microestrutura da liga de aço de alta resistência AISI 4340 sob condição de têmpera. *ELSEVIER*, pp.198-99.

[28]   .   http://wearanswers.com/Instant-Answers/Instant-Answers/Spark-Testing-for-   Material-Identification.html

[29]   . http://en.wikipedia.org/wiki/Spark_testing

Apêndice A

Quadro 4 Exemplo de comportamento mecânico do aço-1 para os dados de entrada do código ABAQUS

Nome do material:- Aço-1		
Descrição:- Aço - para aplicação em vigas de para-choques		
Comportamentos materiais		
Densidade		
2747 kg/m3		
Elástico		
Módulo de Young		Coeficiente de Poisson
2.01E+11		0.27
Plástico		
Dados		
Tensão de cedência	Tensão plástica	Taxa de deformação
230	0	0
231.728	0	0.003333
245.104	0.00218654	0.003333
262.834	0.00219531	0.003333
285.396	0.00228982	0.003333
285.796	0.00229734	0.003333
288.276	0.00241828	0.003333
290.772	0.00244703	0.003333
291.955	0.00252888	0.003333
294.42	0.00254719	0.003333
296.34	0.00257039	0.003333
297.972	0.00264687	0.003333
298.452	0.00266734	0.003333
300.18	0.00268099	0.003333
303.541	0.00274687	0.003333
304.309	0.00276242	0.003333
305.514	0.00277794	0.003333
305.653	0.00286094	0.003333
307.381	0.00287302	0.003333
307.7	0.00289586	0.003333
308.629	0.00297154	0.003333
311.221	0.00299531	0.003333
312.757	0.00301039	0.003333
312.853	0.00309	0.003333
313.268	0.00310969	0.003333
314.389	0.00312099	0.003333
315.541	0.00319031	0.003333
316.436	0.00321125	0.003333
316.886	0.00322029	0.003333
317.174	0.00331023	0.003333
318.23	0.00332185	0.003333

319.382	0.00333867	0.003333
319.478	0.00342083	0.003333
319.988	0.00343875	0.003333
320.534	0.00345883	0.003333
321.302	0.00353562	0.003333
321.392	0.0035607	0.003333
321.686	0.00356943	0.003333
321.909	0.00366094	0.003333
322.005	0.0036713	0.003333
322.55	0.00376234	0.003333
322.838	0.00377154	0.003333
323.51	0	0.033333
323.798	0.00387294	0.033333
324.117	0.0038875	0.033333
324.47	0.00390812	0.033333
324.566	0.00398937	0.033333
324.95	0.00400594	0.033333
325.334	0.00401872	0.033333
325.394	0.00408883	0.033333
326.102	0.00410523	0.033333
326.142	0.00411654	0.033333
326.678	0.00420133	0.033333
326.688	0.00421583	0.033333
326.709	0.00423508	0.033333
326.966	0.00431193	0.033333
327.446	0.00433375	0.033333
327.476	0.00435125	0.033333
327.542	0.00443398	0.033333
327.638	0.00444992	0.033333
328.022	0.00446185	0.033333
328.122	0.00453164	0.033333
328.31	0.00455164	0.033333
328.406	0.00456052	0.033333
328.466	0.00465094	0.033333
328.502	0.00466224	0.033333
328.598	0.00467844	0.033333
328.6	0.00476154	0.033333
328.694	0.00478094	0.033333
328.698	0.00480125	0.033333
328.774	0.00487844	0.033333
328.79	0.00489875	0.033333
328.886	0.00491185	0.033333
329.013	0.00497844	0.033333
329.113	0.00500039	0.033333
329.174	0.00500935	0.033333
329.227	0.00508125	0.033333
330.645	0.0051	0.033333
331.893	0.00511099	0.033333
333.045	0.00517922	0.033333
334.005	0.0052106	0.033333

334.293	0.00523523	0.033333
336.213	0.00524734	0.033333
337.27	0.00533273	0.033333
337.366	0.0053457	0.033333
338.23	0.00535794	0.033333
339.286	0.00543086	0.033333
340.342	0.00544383	0.033333
341.302	0.0054563	0.033333
341.494	0.00549094	0.033333
341.878	0.00553312	0.033333
342.454	0	0.333333
342.742	0.00555443	0.333333
343.318	0.00565583	0.333333
343.606	0.00567898	0.333333
343.724	0.00569133	0.333333
344.278	0.00577828	0.333333
344.374	0.00579062	0.333333
344.662	0.00579609	0.333333
344.854	0.00580193	0.333333
345.142	0.00587812	0.333333
345.43	0.00589023	0.333333
345.814	0.00590122	0.333333
345.91	0.00597867	0.333333
346.102	0.0059982	0.333333
346.486	0.00600083	0.333333
346.489	0.00610055	0.333333
346.582	0.0061088	0.333333
346.678	0.00612445	0.333333
346.679	0.00621115	0.333333
347.062	0.00622703	0.333333
347.068	0.00622781	0.333333
347.158	0.00624898	0.333333
347.198	0.00632758	0.333333
347.35	0.00634984	0.333333
347.359	0.00635958	0.333333
347.638	0.00642508	0.333333
347.658	0.00645211	0.333333
347.678	0.00646044	0.333333
347.734	0.00653765	0.333333
347.739	0.00655258	0.333333
356.877	0.00656271	0.333333
362.734	0.00658016	0.333333
368.686	0.00666318	0.333333
371.182	0.00668008	0.333333
372.046	0.00670078	0.333333
372.91	0.00679859	0.333333
373.774	0.00681138	0.333333
373.966	0.00689758	0.333333
374.926	0.00690919	0.333333
375.022	0.0069975	0.333333

375.694	0.00700818	0.333333
375.886	0.0071457	0.333333
376.75	0.007245	0.333333
376.942	0.00725484	0.333333
377.422	0	3.33333
377.806	0.00744695	3.33333
378.286	0.0075975	3.33333
378.486	0.00771117	3.33333
378.767	0.00800203	3.33333
378.959	0.00828726	3.33333
379.535	0.00833875	3.33333
379.565	0.0084918	3.33333
380.015	0.00858281	3.33333
380.115	0.00903117	3.33333
380.399	0.0092493	3.33333
380.599	0.00932906	3.33333
380.783	0.00963375	3.33333
380.879	0.0099307	3.33333
380.975	0.0103765	3.33333
381.263	0.0106821	3.33333
381.551	0.0109828	3.33333
381.743	0.011287	3.33333
381.763	0.0117244	3.33333
381.783	0.0120178	3.33333
381.839	0.0123157	3.33333
382.031	0.012604	3.33333
382.223	0.0130537	3.33333
382.228	0.0133498	3.33333
382.253	0.0136549	3.33333
382.319	0.0139528	3.33333
382.369	0.0144038	3.33333
382.415	0.0146962	3.33333
383.465	0.0150012	3.33333
384.511	0.0153	3.33333
385.607	0.015742	3.33333
388.607	0.0160371	3.33333
415.265	0.0163315	3.33333
438.306	0.0166357	3.33333
452.419	0.017074	3.33333
463.076	0.0173719	3.33333
470.949	0.0176707	3.33333
474.021	0.0179946	3.33333
476.901	0.0183016	3.33333
478.629	0.018747	3.33333
479.877	0.0190495	3.33333
480.261	0.0193563	3.33333
481.605	0.0196577	3.33333
483.909	0.0206577	3.33333

Apêndice B

Tabela 5 Amostra de aço-2 caracterizada com comportamento mecânico para dados de entrada do código ABAQUS

Nome do material:- Aço-2		
Descrição:- Aço - para aplicação em vigas de para-choques		
Comportamentos materiais		
Densidade		
2845 kg/m3		
Elástico		
Módulo de Young		Coeficiente de Poisson
2.06E+11		0.3
Plástico		
Dados		
Tensão de cedência	Tensão plástica	Taxa de deformação
320	0	0
321.32	0	0.003333
324.104	0.00218654	0.003333
325.064	0.00219531	0.003333
328.328	0.00228982	0.003333
330.92	0.00229 734	0.003333
332.936	0.00241828	0.003333
336.585	0.00244703	0.003333
339.273	0.00252888	0.003333
341.193	0.00254719	0.003333
343.305	0.00257039	0.003333
344.937	0.00264687	0.003333
347.433	0.00266734	0.003333
348.681	0.00268099	0.003333
350.217	0.00274687	0.003333
354.154	0.00276242	0.003333
355.306	0.002 77794	0.003333
356.266	0.00286094	0.003333
357.226	0.0028 7302	0.003333
358.858	0.00289586	0.003333
359.53	0.00297154	0.003333
360.49	0.00299531	0.003333
361.642	0.00301039	0.003333
362.314	0.00309	0.003333
362.794	0.00310969	0.003333
363.562	0.00312099	0.003333
364.426	0.00319031	0.003333
364.522	0.00321125	0.003333
365.866	0.00322029	0.003333
365.866	0.00331023	0.003333
366.442	0.00332185	0.003333

366.922	0.00333867	0.003333
367.21	0.00342083	0.003333
367.499	0.00343875	0.003333
367.595	0.00345883	0.003333
367.883	0.00353562	0.003333
367.979	0.0035607	0.003333
368.075	0.00356943	0.003333
368.075	0.00366094	0.003333
368.075	0.0036713	0.003333
368.171	0.00376234	0.003333
368.459	0.00377154	0.003333
383.028	0	0.033333
388.5	0.00387294	0.033333
398.005	0.0038875	0.033333
402.613	0.00390812	0.033333
405.301	0.00398937	0.033333
407.509	0.00400594	0.033333
409.718	0.00401872	0.033333
413.27	0.00408883	0.033333
414.998	0.00410523	0.033333
416.822	0.00411654	0.033333
419.606	0.00420133	0.033333
421.814	0.00421583	0.033333
423.446	0.00423508	0.033333
425.078	0.00431193	0.033333
426.711	0.00433375	0.033333
428.343	0.00435125	0.033333
430.071	0.00443398	0.033333
431.223	0.00444992	0.033333
433.239	0.00446185	0.033333
434.679	0.00453164	0.033333
435.735	0.00455164	0.033333
436.215	0.00456052	0.033333
436.887	0.00465094	0.033333
437.749	0.00466224	0.033333
438.711	0.00467844	0.033333
439.287	0.00476154	0.033333
440.343	0.00478094	0.033333
440.631	0.00480125	0.033333
441.4	0.00487844	0.033333
441.88	0.00489875	0.033333
442.072	0.00491185	0.033333
442.552	0.00497844	0.033333
443.032	0.00500039	0.033333
443.608	0.00500935	0.033333
443.8	0.00508125	0.033333
443.8	0.0051	0.033333
444.472	0.00511099	0.033333
444.472	0.00517922	0.033333
444.664	0.0052106	0.033333

444.664	0.00523523	0.033333
444.664	0.00524734	0.033333
444.856	0.00533273	0.033333
444.856	0.0053457	0.033333
444.856	0.00535794	0.033333
444.952	0.00543086	0.033333
444.952	0.00544383	0.033333
444.952	0.0054563	0.033333
445.144	0.00549094	0.033333
445.144	0.00553312	0.033333
445.219	0	0.333333
449.155	0.00555443	0.333333
451.843	0.00565583	0.333333
454.243	0.00567898	0.333333
456.548	0.00569133	0.333333
459.716	0.005 77828	0.333333
461.828	0.00579062	0.333333
463.844	0.00579609	0.333333
466.244	0.00580193	0.333333
469.316	0.00587812	0.333333
470.565	0.00589023	0.333333
472.101	0.00590122	0.333333
473.637	0.00597867	0.333333
475.557	0.0059982	0.333333
476.517	0.00600083	0.333333
478.149	0.00610055	0.333333
479.205	0.0061088	0.333333
480.165	0.00612445	0.333333
481.701	0.00621115	0.333333
482.565	0.00622703	0.333333
483.333	0.00622781	0.333333
483.813	0.00624898	0.333333
485.349	0.00632758	0.333333
486.117	0.00634984	0.333333
486.406	0.00635958	0.333333
487.462	0.00642508	0.333333
488.038	0.00645211	0.333333
488.422	0.00646044	0.333333
488.998	0.00653765	0.333333
489.574	0.00655258	0.333333
489.766	0.00656271	0.333333
490.342	0.00658016	0.333333
490.63	0.00666318	0.333333
490.63	0.00668008	0.333333
490.63	0.00670078	0.333333
490.822	0.00679859	0.333333
491.014	0.00681138	0.333333
491.11	0.00689758	0.333333
491.206	0.00690919	0.333333
491.206	0.0069975	0.333333

491.302	0.00700818	0.333333
491.302	0.0071457	0.333333
491.302	0.007245	0.333333
491.494	0.00725484	0.333333
498.328	0	3.33333
503.128	0.00744695	3.33333
507.064	0.0075975	3.33333
510.041	0.00771117	3.33333
516.473	0.00800203	3.33333
518.969	0.00828726	3.33333
521.465	0.00833875	3.33333
524.154	0.0084918	3.33333
527.898	0.00858281	3.33333
530.01	0.00903117	3.33333
532.122	0.0092493	3.33333
534.33	0.00932906	3.33333
537.978	0.00963375	3.33333
539.803	0.0099307	3.33333
541.339	0.0103765	3.33333
542.683	0.0106821	3.33333
543.931	0.0109828	3.33333
546.331	0.011287	3.33333
547.867	0.0117244	3.33333
549.211	0.0120178	3.33333
549.979	0.0123157	3.33333
551.323	0.012604	3.33333
552.187	0.0130537	3.33333
553.531	0.0133498	3.33333
554.299	0.0136549	3.33333
555.74	0.0139528	3.33333
556.508	0.0144038	3.33333
557.276	0.0146962	3.33333
558.044	0.0150012	3.33333
558.908	0.0153	3.33333
559.292	0.015742	3.33333
559.772	0.0160371	3.33333
560.156	0.0163315	3.33333
560.828	0.0166357	3.33333
561.212	0.017074	3.33333
561.404	0.0173719	3.33333
561.692	0.0176707	3.33333
561.788	0.0179946	3.33333
562.268	0.0183016	3.33333
562.844	0.018747	3.33333
563.036	0.0190495	3.33333
563.036	0.0193563	3.33333
563.132	0.0196577	3.33333

Apêndice C

Tabela 6 Exemplo de comportamento mecânico do aço-3 para os dados de entrada do código ABAQUS

Nome do material:- Aço-3		
Descrição:- Aço - para aplicação em vigas de para-choques		
M	Comportamentos materiais	
Densidade		
2845 kg/m3		
Elástico		
Módulo de Young		Coeficiente de Poisson
2.06E+11		0.3
Plástico		
Dados		
Tensão de cedência	Tensão plástica	Taxa de deformação
230.000000000	0.000000000	0.000000000
231.728085900	0.000000000	0.003333000
245.103632800	0.002300000	0.003333000
262.834082000	0.002312000	0.003333000
285.395527300	0.002396092	0.003333000
285.395527300	0.002396127	0.003333000
288.275722700	0.002495624	0.003333000
290.771875000	0.002495625	0.003333000
291.954687500	0.002649607	0.003333000
294.420117200	0.002649608	0.003333000
296.340234400	0.002750701	0.003333000
297.972324200	0.002750702	0.003333000
298.452363300	0.002850600	0.003333000
300.180488300	0.002850624	0.003333000
303.540683600	0.002950300	0.003333000
304.308710900	0.002950312	0.003333000
305.513849700	0.003037804	0.003333000
305.652832000	0.003098421	0.003333000
307.380918000	0.003098436	0.003333000
307.699687500	0.003137492	0.003333000
308.628984400	0.003197320	0.003333000
311.221210900	0.003197420	0.003333000
312.757265600	0.003285616	0.003333000
312.853320300	0.003296250	0.003333000
313.268007800	0.003299250	0.003333000
314.389414100	0.003384600	0.003333000
315.541445300	0.003483430	0.003333000
316.436230500	0.003546012	0.003333000
316.885507800	0.003546014	0.003333000
317.173554700	0.003644354	0.003333000
318.229648400	0.003644374	0.003333000

319.381679700	0.003733194	0.003333000
319.477734400	0.003796301	0.003333000
19.988437500	0.003796328	0.003333000
320.533750000	0.003831554	0.003333000
321.301796900	0.003892792	0.003333000
321.391796900	0.003895301	0.003333000
321.685859400	0.003895312	0.003333000
321.908593800	0.003983508	0.003333000
322.004609400	0.004000058	0.003333000
322.549921900	0.004002567	0.003333000
322.837929700	0.004002578	0.003333000
323.510000000	0.004082492	0.003333000
323.798007800	0.004100604	0.003333000
324.116757800	0.004102124	0.003333000
324.470000000	0.004103124	0.003333000
324.566054700	0.004189758	0.003333000
324.950039100	0.004247870	0.003333000
325.334062500	0.004250390	0.003333000
325.394062500	0.004250490	0.003333000
326.102109400	0.004290304	0.003333000
326.142109400	0.004347166	0.003333000
326.678203100	0.004349586	0.003333000
326.688203100	0.004349686	0.003333000
326.708886700	0.004437570	0.003333000
326.966210900	0.004447400	0.003333000
327.446210900	0.004448920	0.003333000
327.476210900	0.004449920	0.003333000
327.542226600	0.004536866	0.003333000
327.638242200	0.004548182	0.003333000
328.022226600	0.004550302	0.003333000
328.122226600	0.004550702	0.003333000
328.310273400	0.004637100	0.003333000
328.406289100	0.000000000	0.033330000
328.466289100	0.004651734	0.033330000
328.502265600	0.004652734	0.033330000
328.598320300	0.004737882	0.033330000
328.599720300	0.004798104	0.033330000
328.694335900	0.004800600	0.033330000
328.698335900	0.004800624	0.033330000
328.774335900	0.004839914	0.033330000
328.790273400	0.004899042	0.033330000
328.886328100	0.004900562	0.033330000
329.013046900	0.004901562	0.033330000
329.113046900	0.004987804	0.033330000
329.174335900	0.005001308	0.033330000
329.227326300	0.005001828	0.033330000
330.645117200	0.005003828	0.033330000
331.893242200	0.005088742	0.033330000
333.045273400	0.005100292	0.033330000
334.005351600	0.005101812	0.033330000

334.293359400	0.005102812	0.033330000
336.213476600	0.005191008	0.033330000
337.269570300	0.005252558	0.033330000
337.365546900	0.005255078	0.033330000
338.229648400	0.005255178	0.033330000
339.285664100	0.005289992	0.033330000
340.341757800	0.005350058	0.033330000
341.301796900	0.005352478	0.033330000
341.493789100	0.005352578	0.033330000
341.877851600	0.005442258	0.033330000
342.453867200	0.005454744	0.033330000
342.741914100	0.005457064	0.033330000
343.317968800	0.005457264	0.033330000
343.605976600	0.005539758	0.033330000
343.724279400	0.005555838	0.033330000
344.278007800	0.005558058	0.033330000
344.374023400	0.005558358	0.033330000
344.661992200	0.005644444	0.033330000
344.854023400	0.005656072	0.033330000
345.142070300	0.005658192	0.033330000
345.430078100	0.005658592	0.033330000
345.814101600	0.005745538	0.033330000
345.910117200	0.005805760	0.033330000
346.102109400	0.005808280	0.033330000
346.486171900	0.005818280	0.033330000
346.489171900	0.005845772	0.033330000
346.582148400	0.005903964	0.033330000
346.678203100	0.005906484	0.033330000
346.679203100	0.005936484	0.033330000
347.062187500	0.005995460	0.033330000
347.068187500	0.006004354	0.033330000
347.158242200	0.006006874	0.033330000
347.198242200	0.006046874	0.033330000
347.350195300	0.006093664	0.033330000
347.359195300	0.006152558	0.033330000
347.638242200	0.006155078	0.033330000
347.658242200	0.006155278	0.033330000
347.678242200	0.000000000	0.333300000
347.734257800	0.006253104	0.333300000
347.739257800	0.006255624	0.333300000
356.877111400	0.006257624	0.333300000
362.733517700	0.006342258	0.333300000
368.685920000	0.006352714	0.333300000
371.182052800	0.006355234	0.333300000
372.046076300	0.006355634	0.333300000
372.910138800	0.006442804	0.333300000
373.774240300	0.006451386	0.333300000
373.966193400	0.006453906	0.333300000
374.926271600	0.006454906	0.333300000
375.022287200	0.006542414	0.333300000

375.694318400	0.006551308	0.333300000
375.886310600	0.006553828	0.333300000
376.750412200	0.006563828	0.333300000
376.942443400	0.006641086	0.333300000
377.422443400	0.006697088	0.333300000
377.806427800	0.006699608	0.333300000
378.286466900	0.006699708	0.333300000
378.486466900	0.006741008	0.333300000
378.766505900	0.006793964	0.333300000
378.958576300	0.006796484	0.333300000
379.534552800	0.006799484	0.333300000
379.564552800	0.006886788	0.333300000
380.014591900	0.006901698	0.333300000
380.114591900	0.006924218	0.333300000
380.398654400	0.006904218	0.333300000
380.598654400	0.006983664	0.333300000
380.782638800	0.007001230	0.333300000
380.878693400	0.007003750	0.333300000
380.974630900	0.007043750	0.333300000
381.262677800	0.007091398	0.333300000
381.550724700	0.007153964	0.333300000
381.742716900	0.007156484	0.333300000
381.762716900	0.007159484	0.333300000
381.782716900	0.007190930	0.333300000
381.838732500	0.007252714	0.333300000
382.030763800	0.007255234	0.333300000
382.222716900	0.007295234	0.333300000
382.227716900	0.007343664	0.333300000
382.252716900	0.007354354	0.333300000
382.318771600	0.007356874	0.333300000
382.368771600	0.007396874	0.333300000
382.414709100	0.007442414	0.333300000
382.464709100	0.007453964	0.333300000
382.510802800	0.007456484	0.333300000
382.606779400	0.007459484	0.333300000
382.606779400	0.007544054	0.333300000
415.264960900	0.000000000	3.333300000
438.306406300	0.007605624	3.333300000
452.419316400	0.007625624	3.333300000
463.075996100	0.007643664	3.333300000
470.948515600	0.007704744	3.333300000
474.020722700	0.007717264	3.333300000
476.900918000	0.007737264	3.333300000
478.628984400	0.007792804	3.333300000
479.877070300	0.007804354	3.333300000
480.261132800	0.007806874	3.333300000
481.605195300	0.007846874	3.333300000
483.909375000	0.007894444	3.333300000
485.445429700	0.007906698	3.333300000
485.745429700	0.007909218	3.333300000

486.309531300	0.007959218	3.333300000
487.845585900	0.007994054	3.333300000
488.133593800	0.008055214	3.333300000
488.613632800	0.008057734	3.333300000
490.149765600	0.008077734	3.333300000
490.437773400	0.008096398	3.333300000
490.917812500	0.008153886	3.333300000
491.493789100	0.008156406	3.333300000
492.357929700	0.008159406	3.333300000
492.557929700	0.008244914	3.333300000
492.741914100	0.008255604	3.333300000
493.029960900	0.008258124	3.333300000
493.605976600	0.008278124	3.333300000
493.798007800	0.008343586	3.333300000
494.470000000	0.008360604	3.333300000
494.758085900	0.008363124	3.333300000
494.950039100	0.008369124	3.333300000
495.046054700	0.008445304	3.333300000
495.430078100	0.008460760	3.333300000
495.430978100	0.008463280	3.333300000
495.814101600	0.008465280	3.333300000
496.390117200	0.008550304	3.333300000
496.678203100	0.008612558	3.333300000
496.870156300	0.008615078	3.333300000
496.966210900	0.008650460	3.333300000
497.254218800	0.008712480	3.333300000
497.354218800	0.008715000	3.333300000
497.542226600	0.008802258	3.333300000
497.830195300	0.008809980	3.333300000
497.839195300	0.008812500	3.333300000
497.930195300	0.008902180	3.333300000
498.022226600	0.008910760	3.333300000
498.092226600	0.008913280	3.333300000
498.118281300	0.008999680	3.333300000
498.214257800	0.009060214	3.333300000
498.310273400	0.009062734	3.333300000
498.390273400	0.009100460	3.333300000
498.406289100	0.009160682	3.333300000
498.446289100	0.009163202	3.333300000
498.598320300	0.009249914	3.333300000
498.599320300	0.009270136	3.333300000
498.694335900	0.009350382	3.333300000
498.790273400	0.009459836	3.333300000

Apêndice D

Quadro 7 Propriedades do material da espuma para ABAQUS/CAE como entrada

Nome do material:- Espuma		
Descrição:- Material de espuma para absorção de energia		
Densidade de massa	Elástico	
8.32E-011 kg/m3	Módulo de Young	Coeficiente de Poisson
	25	0.3
Plástico		
Espuma esmagável		
Rácio de tensão de cedência à compressão	Coeficiente de Poisson plástico	
0.99995	0	
Endurecimento de espuma esmagável		
Tensão de cedência	Deformação plástica uniaxial	
0.1659	0	
0.2805	0.0206	
0.3597	0.0417	
0.4308	0.0632	
0.4908	0.0852	
0.5442	0.1076	
0.5908	0.1306	
0.6224	0.1542	
0.654	0.1783	
0.6724	0.2029	
0.6921	0.2283	
0.7101	0.2542	
0.7231	0.2809	
0.7294	0.3083	
0.7411	0.3365	
0.7453	0.3655	
0.756	0.3953	
0.7633	0.4261	
0.7685	0.4578	
0.7721	0.4907	
0.7787	0.5245	
0.7865	0.5596	
0.804	0.596	
0.8223	0.6337	
0.8461	0.6729	
0.8778	0.7138	
0.9265	0.7563	
0.9789	0.8008	
1.054	0.8473	
1.1469	0.8961	
1.253	0.9474	

1.3652	1.0015	
1.4915	1.0586	
1.6459	1.1192	
1.8331	1.1838	
2.0488	1.2528	
2.3373	1.3268	
2.7392	1.407	
3.2833	1.4939	
4.0443	1.5892	
5.1895	1.6947	
Dependente da taxa		
Lei da Energia		
Multiplicador (k)	Expoente (n)	
4867	4.338	

Quadro 8 Dados relativos às propriedades plásticas da parte plástica do subsistema "para-choques" Fasica introduzidos no ABAQUS/CAE

Nome do material:- Plástico		
Descrição:- Material plástico para Fasica		
Comportamentos materiais		
Densidade de massa	Elástico	
1.20E-09	Módulo de Young	Coeficiente de Poisson
	2800.000000000	0.300000000
Plástico		
Tensão de cedência	Plástico Strian	
45	0	
885	2	

Quadro 9 Propriedade do material de aço para o carril e a caixa de esmagamento como entrada para o código ABAQUS

Nome do material:- Aço		
Descrição:-Material de aço para carril e caixa de trituração		
Comportamentos materiais		
Densidade de massa	Elástico	
7.89E-09	Módulo de Young	Coeficiente de Poisson
	210000.000000000	0.300000000
Plástico		
Tensão de cedência	Tensão plástica	
300	0	
333	0.039	
367	0.077	
395	0.122	
425	0.166	
474	0.247	
550	0.322	
700	0.392	
710	1	

712.06	1.125	
714.11	1.25	
716.17	1.375	
718.22	1.5	
720.28	1.625	
722.34	1.75	
724.39	1.875	
726.45	2	

Quadro 10 Aço Dados relativos às propriedades do material para o suporte de arrefecimento introduzidos no ABAQUS/CAE

Nome do material:- Aço		
Descrição:- Material de aço :	ou o suporte de arrefecimento	
Comportamentos materiais		
Densidade de massa	Elástico	
7.89E-09	Módulo de Young	Coeficiente de Poisson
	210000.000000000	0.300000000
Plástico		
Tensão de cedência	Tensão plástica	
330	0	
367	0.02	
372	0.049	
379	0.082	
380	0.127	
381	0.17	
430	0.231	
500	0.278	
510	1	
511.73	1.125	
513.46	1.25	
515.19	1.375	
516.93	1.5	
518.66	1.625	
520.39	1.75	
522.12	1.875	
523.85	2	

Apêndice E

O documento abaixo mostra exemplos de fontes de material retiradas de empresas de metal e engenharia

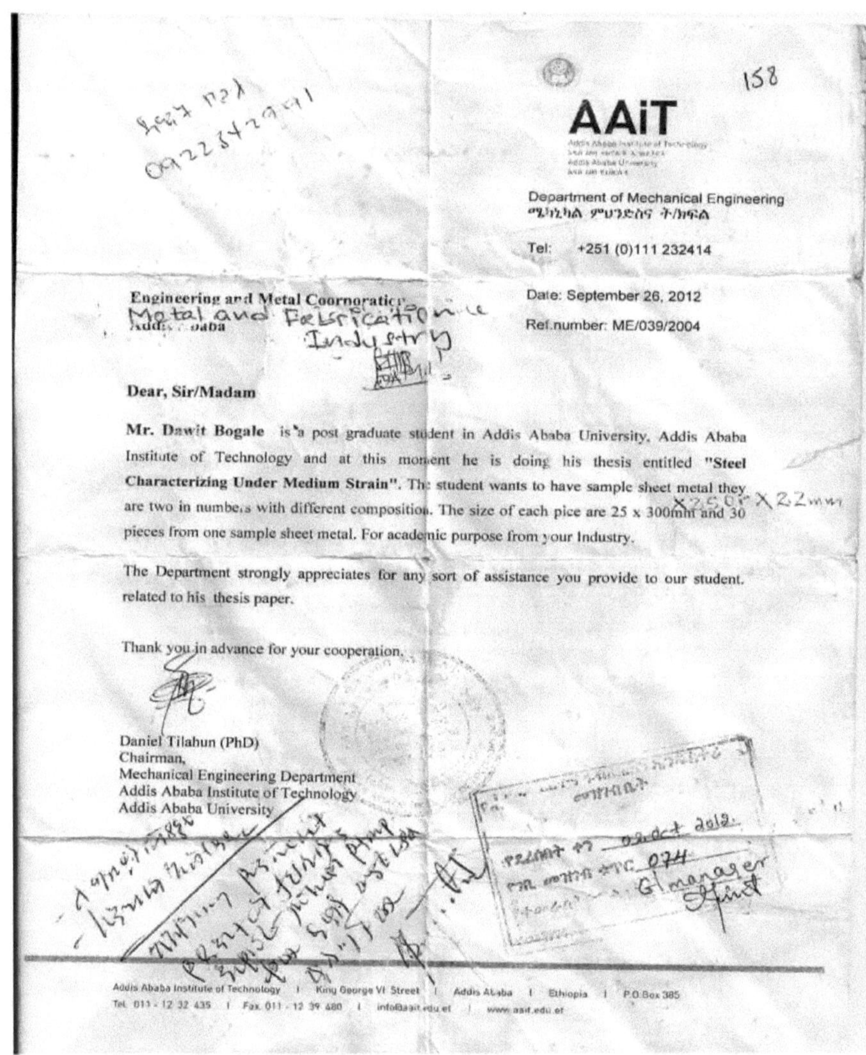

AAiT

Addis Ababa Institute of Technology
Addis Ababa University

Department of Mechanical Engineering

Tel: +251 (0)111 232414

Date: September 26, 2012

Ref.number: ME/039/2004

Dear, Sir/Madam

Mr. Dawit Bogale is a post graduate student in Addis Ababa University, Addis Ababa Institute of Technology and at this moment he is doing his thesis entitled **"Steel Characterizing Under Medium Strain"**. The student wants to have sample sheet metal they are two in numbers with different composition. The size of each pice are 25 x 300mm and 30 pieces from one sample sheet metal. For academic purpose from your Industry.

The Department strongly appreciates for any sort of assistance you provide to our student. related to his thesis paper.

Thank you in advance for your cooperation.

Daniel Tilahun (PhD)
Chairman,
Mechanical Engineering Department
Addis Ababa Institute of Technology
Addis Ababa University

Addis Ababa Institute of Technology   I   King George VI Street   I   Addis Ababa   I   Ethiopia   I   P.O.Box 385
Tel. 011 - 12 32 435   I   Fax 011 - 12 39 480   I   info@aait.edu.et   I   www.aait.edu.et

Apêndice F

A imagem abaixo indica o recibo do artigo de emissão da concha e da fresa para a máquina de fresagem de alta precisão com o objetivo de produzir espécimes de ossos de cão na máquina

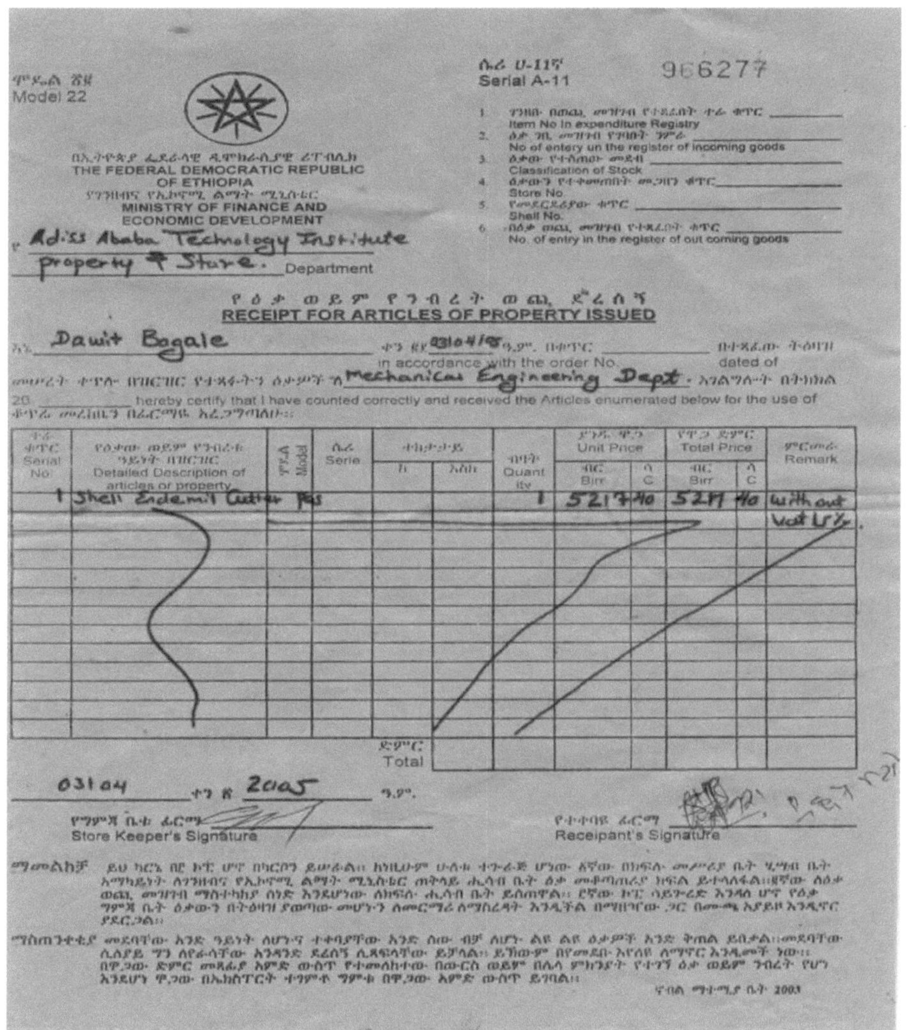

Printed by Books on Demand GmbH, Norderstedt / Germany